LETTRES
SUR L'ADRIATIQUE
ET LE MONTENEGRO

OUVRAGES DU MÊME AUTEUR :

LES VOYAGEURS NOUVEAUX, 3 vol. in-12........	12 fr.	« c.
LES AMES EN PEINE, 1 vol. in-12..............	4 fr.	« c.
LETTRES SUR L'AMÉRIQUE, 2 vol. in-12.........	8 fr.	« c.
DU RHIN AU NIL, 2 vol. in-12...	7 fr.	« c.
LETTRES SUR L'ALGÉRIE, 1 vol. in-12..........	3 fr.	50 c.
VOYAGE EN CALIFORNIE, 1 vol. in-12..........	3 fr.	50 c.
VOYAGES EN SCANDINAVIE, 2 vol. in-8.........	32 fr.	« c.
HISTOIRE DE L'ISLANDE, 1 vol. in-8.....	16 fr.	« c.
HISTOIRE DE LA LITTÉRATURE EN DANEMARK ET EN SUÈDE, 1 vol. in-8.....................	16 fr.	« c.
HISTOIRE DE LA LITTÉRATURE EN ISLANDE, 1 volume in-8................................	10 fr.	« c.
HISTOIRE DE SUÈDE ET DE DANEMARK, 1 vol. in-8.	16 fr.	« c.
LETTRES SUR L'ISLANDE, 1 vol. in-12......	3 fr.	50 c.
LETTRES SUR LE NORD, 2 vol. in-12...	7 fr.	« c.
LETTRES SUR LA HOLLANDE, 1 vol. in-12........	3 fr.	50 c.
LETTRES SUR LA RUSSIE, 2 vol. in-12..........	7 fr.	« c.
SOUVENIRS DE VOYAGES, 2 vol. in-12........ ..	7 fr.	« c.
CHANTS DU NORD, 1 vol. in-12................	3 fr.	50 c.
THÉATRE DE SCHILLER, 2 vol. in-12...........	7 fr.	« c.
POÉSIES DE SCHILLER, 1 vol. in-12............	3 fr.	50 c.

Sous presse :

LE JAPON, par M. ÉDOUARD FRAISSINET, 2 vol. in-12. 8 fr. « c.

Vu les traités internationaux relatifs à la propriété littéraire, l'auteur et l'éditeur de cet ouvrage se réservent le droit de le traduire ou de le faire traduire en toutes langues.

Les formalités prescrites par les traités seront remplies dans les divers États avec lesquels la France a conclu des conventions littéraires, et ils poursuivront toutes les contrefaçons ou toutes les traductions faites au mépris de leurs droits.

LA TOUR DE TÉTINIÉ.

LETTRES

SUR L'ADRIATIQUE

ET LE MONTENEGRO

PAR

X. MARMIER

TOME DEUXIÈME

---o---

PARIS
ARTHUS BERTRAND, ÉDITEUR
LIBRAIRE DE LA SOCIÉTÉ DE GÉOGRAPHIE, RUE HAUTEFEUILLE, 21

De l'Imprimerie de Ch. Lahure

I

SPALATO. -- CURZOLA

I.

SPALATO. — CURZOLA.

Il y avait une fois.... c'est une vieille histoire que je puis bien commencer ainsi, tant elle ressemble à un conte de fée. Donc, il y avait une fois dans une petite bourgade de la Dalmatie un pauvre homme réduit d'abord à l'état d'esclave, puis affranchi par un maître qui ne pouvait probablement lui donner que la liberté. Car l'esclave se fit scribe, ce qui était en ces temps lointains, de même qu'aujourd'hui, un très-triste métier. Cet homme avait un fils qui, plus habile ou plus hardi que son père, embrassa une meilleure profession. Il se fit soldat.

Voilà tout ce qu'on sait sur l'origine de ce jeune Dalmate, qui fut Dioclétien. De même que les grands fleuves dont on retrouve difficilement la source dans un petit filet d'eau, de même que le Nil dont on va chercher avec tant de peine les premiers flots dans les montagnes de la Lune, les premières années du célèbre empereur disparaissent aux regards de l'historien. Le nom qu'il inscrivit sur le marbre et l'airain n'était pas même celui de son père ; c'était celui de la petite ville où il était né, de la petite ville de Dioclæa, sur les bords du lac de Scutari, au pied du Montenegro.

Le soldat entre donc dans une de ces légions qui, tantôt sur un point, et tantôt sur un autre, devaient défendre l'immensité de l'empire romain contre l'invasion des hordes barbares, comme les digues en terrassement et en granit défendent le sol de la Hollande contre les vagues de la mer. De quelle façon Dioclétien conquit-il ses premiers grades ? c'est ce que nul auteur ne nous apprend. Il paraît cependant qu'à une époque où il n'occupait encore qu'une place assez obscure, il rêvait déjà un éblouissant avenir. On raconte que dans les Gaules il vivait si pauvrement, qu'un druide avec lequel il demeurait ne

put se défendre de lui en manifester sa surprise.
— J'aurai plus de luxe, répondit le jeune légionnaire, quand je serai empereur. Le druide alors, jetant un regard où brillait le rayon d'une pensée prophétique, lui dit : Vous deviendrez empereur quand vous aurez tué un sanglier (*Aper*). Tuer un sanglier n'était pas chose difficile, mais de tout temps les paroles des devins n'ont pas dû être prises strictement à la lettre. Nos vieux prêtres celtiques, comme les oracles de Delphes, se permettaient souvent dans la majesté de leurs fonctions un de ces mots à double entente, que nous appelons vulgairement un calembour. Dioclétien tua le général Aper, qui était accusé d'avoir pris part à la mort de l'empereur Numérianus. Ce fait accidentel, qui réalisait la prédiction de son ancien commensal, fut peut-être pour Dioclétien un nouveau mobile d'espoir. Si fort que soit l'homme, il retombe toujours par quelque côté dans la faiblesse des esprits vulgaires, et il n'est pas une existence essentiellement austère qui dans sa marche imposante ne laisse entrevoir plus d'une puérilité.

Quoi qu'il en soit, l'heureux soldat monta de degré en degré l'échelle de la fortune. Au mépris des anciennes coutumes romaines, qui ne permettaient pas aux fils des affranchis d'aspirer aux honneurs civils ou militaires, et qui étendaient cet arrêt jusqu'à la troisième et quatrième génération, le fils de l'affranchi dalmate s'éleva au plus haut rang de l'armée. De là au trône, tel que le trône était alors constitué, il n'y avait qu'un pas. Ce dernier pas, Dioclétien le fit. Il devint empereur.

Tous ces empereurs de Rome, qu'une cohorte en tumulte élevait au suprême pouvoir, qu'une autre précipitait dans la fange, étaient pendant la durée de leur incertaine grandeur entourés d'une auréole olympique. Ils se décernaient à eux-mêmes, ils s'érigeaient des statues. Ils passaient à l'état de Dieu. Dioclétien aussi devint Dieu. Du premier coup il prit le nom de celui qui d'un froncement de sourcil faisait trembler la terre et le ciel, le nom de Jupiter, et son collègue Maximien prit celui d'Hercule. De zélés orateurs, dont la rhétorique ne restait pas sans récompense, se firent un pieux devoir de démontrer l'heureuse application de ces deux titres. Tandis que Dioclétien-Jupiter maintenait, disaient-ils, par sa suprême sagesse l'ordre dans l'empire, Maximien-Hercule purgeait les divers États de leurs monstres et de leurs tyrans.

C'est ainsi qu'au temps de leur décadence les Romains idéalisaient les vices de ceux dont ils avaient à redouter la puissance ou à maudire les fureurs.

Fils d'un paysan, Maximien n'avait reçu aucune éducation; c'était un soldat de fortune hardi et aventureux, rude et violent. Quant à Dioclétien, l'admirable historien anglais Gibbon en a fait en quelques lignes un portrait achevé : « Il n'avait point la généreuse et hardie nature du héros qui cherche le péril avec la gloire, dédaigne l'artifice et impose fièrement le respect à ses égaux. Il était d'un caractère plus pratique que brillant. Ce que l'on remarquait en lui, c'est un esprit vigoureux développé par l'étude, et de l'application aux affaires, un judicieux mélange de libéralité et d'économie, de douceur et de sévérité, une profonde dissimulation sous l'apparence d'une franchise militaire, l'obstination à suivre ses projets, la flexibilité dans l'emploi de ses moyens d'action, et par-dessus tout le grand art d'asservir ses propres passions aussi bien que celles des autres à son ambition, et de colorer cette ambition des prétextes les plus spécieux de justice et d'utilité publique. »

Avec ses qualités et ses défauts, Dioclétien apparaît à l'horizon comme une grande figure, entre deux ères historiques, entre une dernière ère de gloire et une ère de dévastation. Par les mesures qu'il employa pour assurer la paix dans l'étendue des possessions romaines, par l'association de Maximien à son pouvoir et l'adjonction des deux Césars, il prépara lui-même la dissolution de l'empire. Sous son règne, Rome fut abandonnée. Constance campait dans les Gaules, Galère sur les bords du Danube; Maximien avait fixé sa demeure à Milan, et Dioclétien étalait à Nicomédie le fastueux cérémonial des cours d'Orient.

Rome n'était plus dans Rome.

Elle perdait par ce déplacement du pouvoir, par l'éloignement des souverains, son importance, si ce n'est son titre de capitale. Les peuples s'habituaient à tourner les yeux d'un autre côté, et le sénat ne jouissait plus que d'un vain titre honorifique.

Après la campagne de Perse, les deux empereurs se montrèrent à Rome et lui donnèrent encore le spectacle d'un triomphe. Ce fut le dernier. Bientôt les empereurs devaient cesser de vaincre, et l'antique cité devait cesser d'être la maîtresse du monde, jusqu'au temps où le christianisme lui donnerait une autre souveraineté plus noble et plus pure, la souveraineté de la chaire pontificale.

Dioclétien couronnait par cette fête des anciens jours son règne glorieux de vingt années. Alors il se décida à renoncer à son pouvoir, soit que son état de santé l'obligeât à chercher le repos, soit que dans sa sagesse il pressentît des orages auxquels il ne pourrait plus victorieusement résister, ou enfin qu'il mît un nouvel orgueil à se dépouiller lui-même des titres qu'il avait eu la joie de conquérir. Peut-être aussi sa résolution lui vint-elle d'un autre sentiment. Le voyageur qui est arrivé au terme d'une longue marche se retourne avec amour vers son foyer. Dans l'âpre voyage de la vie, l'homme se retourne ainsi plus d'une fois par un penchant naturel vers son berceau. Celui qui a fixé le regard le plus ambitieux sur l'avenir est souvent celui qui recherche avec le plus mélancolique regret l'humble bonheur de son passé, la paisible obscurité de la maison natale, les douces et naïves affections de la famille. Et, chose triste à dire, mais démontrée par l'expérience, l'homme qui a exercé le plus grand pouvoir sur les autres hommes est celui qui en vient à éprouver pour eux le plus grand dédain, par les lâchetés que lui-même leur a fait commettre, par les basses flatteries dont ils l'ont entouré, par les apostasies qu'ils ont amassées autour de lui.

Si philosophe que puisse nous apparaître Dioclétien, quand il se signala par cette abdication dont on ne connaissait encore dans l'histoire qu'un exemple[1], il ne l'était pas assez pour se

---

1. Ptolémée Lagus, roi d'Egypte.

démettre simplement de ses fonctions et s'enfuir sans éclat dans sa retraite. Il assembla le peuple et l'armée dans les plaines de Nicomédie, monta sur son trône, et annonça dans une majestueuse harangue sa détermination. Puis il se retira dans un chariot couvert et partit aussitôt pour la Dalmatie, non point pour y chercher la pauvre maison de son père, mais pour y occuper un palais gigantesque.

C'est au sein de ce palais que les péripéties de cette histoire me sont revenues à la mémoire, en une longue rêverie, comme un des merveilleux récits des *Mille et une Nuits*. Là, le souverain du plus grand empire qui ait jamais existé, vint enfermer sa vie à un âge qui pouvait encore lui promettre les jouissances d'une longue domination ; là, son ancien collègue Maximien vint le solliciter de reprendre le pouvoir, et l'on sait par quelles rustiques paroles il répondit à cette tentative. Plus sage que son impétueux collègue, qui allait se jeter dans un nouveau conflit où il devait misérablement périr, là, il n'assista qu'aux tempêtes de l'Adriatique, tandis qu'un vent d'orage mille fois plus terrible soulevait les vagues populaires, tandis que de toutes parts le sol de l'empire craquait sous le poids des légions barbares, sous le pied des Goths.

Arise ye Goths, and glut your ire !

Là enfin il mourut d'une mort indéterminée, comme si le terme, de même que l'origine de son étrange destinée, devait être un égal sujet d'hypothèse et de discussion pour les commentateurs.

A cette même place, j'ai passé tout une soirée dont je ne puis oublier l'impression solennelle. J'étais là au centre, au cœur même de cet antique palais. Les autres parties de l'édifice ont été entièrement bouleversées. Celle-ci, malgré les transformations qu'elle a subies, apparaît encore dans son majestueux ensemble.

Voilà les colonnades du péristyle auxquelles on arrivait par la porte d'or ; voilà le temple de Jupiter, patron de Dioclétien, et, en face, le petit temple qu'on est convenu d'appeler le temple d'Esculape, bien qu'il ait eu peut-être une autre destination. L'une de ces colonnades forme aujourd'hui la façade de la demeure de l'évêque catholique ; sous une autre est un café dont le toit n'arrive pas même au faîte des arceaux. Le temple de Jupiter a été consacré à saint Doimus, disciple de l'apôtre saint Paul, et du temple d'Esculape le clergé a fait un baptistère. Ce temple de Jupiter est une sorte de rotonde octogone construite dans les plus élégantes proportions. A l'extérieur, il était entouré d'un cercle de colonnes corinthiennes sur lesquelles probablement s'élevaient jadis des statues. La plupart des colonnes ont été brisées et les statues ont disparu, mais l'intérieur de l'édifice est superbe à voir encore avec ses colonnades circulaires et sa haute coupole. Les travaux qui y ont été faits pour l'adapter au service de la religion chrétienne, lui ont donné plus d'un nouvel effet pittoresque, sans altérer sa primitive beauté. Sur son portique, un simple ouvrier maçon de Spalato, nommé Teverdo, bâtit, au commencement du XVe siècle, avec des piliers, des chapiteaux et d'autres débris de monuments antiques, un campanile de cent soixante-treize pieds de hauteur, d'une originalité surprenante et d'une grâce parfaite.

« Des innombrables constructions des Romains, combien il en est, dit Gibbon, qui échappent à l'histoire, et combien il en est peu qui aient résisté aux désastres du temps et aux ravages des Barbares! »

Celles qui ont été le mieux conservées, l'ont été par les chrétiens. En première ligne, je placerai le Panthéon de Rome, ensuite la cathédrale actuelle de Spalato.

Le petit temple qui se trouve en face de celui-ci est d'un aspect plus sévère. Les archéologues en ont fait le temple d'Esculape, s'appuyant surtout sur cette raison, que Dioclétien, dans son état de langueur maladive, devait naturellement être porté à invoquer le secours du dieu de la santé. A voir ce massif édifice, ses murailles épaisses, sa sombre enceinte, il serait plus aisé d'admettre que ce fut, non pas un temple, mais un sépulcre, le sépulcre de celui-là même qui vint s'enfermer dans ce palais comme dans un cloître, qui y mourut après avoir longtemps pensé à la mort. On a découvert récemment sur une des faces extérieures de ce bâtiment une couronne impériale. Ne serait-ce point le signe de possession d'une impériale sépulture? Ce qui est plus caractéristique, c'est le sarcophage en pierre sculpté qui se trouve à l'entrée de ce même édifice. Il représente sur ses quatre côtés quatre scènes qui semblent être une image des différentes phases de la vie de Dioclétien. Sur le premier de ces côtés, est un jeune homme courbé sous un fardeau, pauvre par conséquent et laborieux, comme le fut Dioclétien ; sur le second, un jeune homme plus vigoureux avec un cheval qu'il tient par la bride ; sur le troisième, un chasseur perçant de son dard un sanglier (l'*Aper*, l'objet de la prophétie druidique) ; sur le quatrième, un homme couvert d'un manteau, dans une attitude imposante, ayant près de lui un chien qu'il caresse de la main. Ne serait-ce pas encore Dioclétien ayant tué l'*Aper*, ayant accompli la prédiction, et rêvant à sa grandeur future ?

Si Dioclétien a voulu que ses restes mortels fussent ensevelis dans l'enceinte du palais où il ensevelissait sa puissance impériale, il a pu, comme un autre Chéops, se glorifier de la magnificence de son tombeau. Ce palais, de forme

quadrangulaire, occupait un espace de neuf
acres, et pouvait contenir, avec la suite de l'empereur, toute une légion de prétoriens. Par quatre grandes portes, il s'ouvrait vers les quatre
points cardinaux, sur la mer et sur la campagne,
et deux rues coupées à angle droit le traversaient
dans sa longueur et sa largeur.

Au quatrième siècle, il fut encore habité par
un souverain, par Julius Népos, qui, après un
an de règne, en ce temps de désordres où les
empereurs régnaient si peu, s'enfuit devant un
général barbare, se retira dans la demeure de
son glorieux prédécesseur et y fut assassiné.

Au septième siècle l'édifice de Dioclétien devint une ville, une vraie ville, qui, de ce nom de
Palatium, a fait, par une légère altération, son
nom de Spalato. La cité de Salone, qui s'élevait
à environ une lieue de là, ayant été prise par
les Avares, une partie des habitants se retira dans
les îles voisines ; d'autres, connaissant la solidité
des murailles impériales, s'y réfugièrent comme
dans une forteresse, et peu à peu le nombre des
émigrants s'accrut. Une famille entraînait l'autre. Ils se suivaient comme des troupeaux de

daims effarouchés, qui, pour échapper à une chasse cruelle, se jettent dans les taillis épais. Ils envahirent les tours, les galeries, et jusqu'aux voûtes souterraines de la vaste construction. Comme des cigognes bâtissent leur nid à la cime des arbres, comme la vigne projette ses rameaux sur les murs qui lui servent d'appui, ils nichèrent dans les combles de ce vaste parallélogramme ; ils appliquèrent à ses contours les compartiments de leurs logis ; puis, à mesure qu'ils devinrent plus nombreux, ils envahirent le reste de l'espace. Comme une nuée de sauterelles s'abat, par un vent impétueux, sur le feuillage d'une vallée, les Saloniens éperdus s'abattirent sur les feuilles d'acanthe, les corniches, les chapiteaux de la splendide clôture de Dioclétien. Comme la lave du Vésuve se répandit sur Herculanum et Pompéi, la population d'une ville lancée hors de son foyer domestique par l'irruption des barbares se répandit sous les arceaux, dans les corridors de ce palais. Elle y traça d'ici, de là, une quantité de rues étroites ; elle y établit ses boutiques et ses ateliers, son trafic et sa misère.

Vers le milieu du siècle dernier, un de ces Anglais qui, lorsqu'ils s'attachent à une entreprise, la poursuivent avec une rare persévérance, vint s'installer à Spalato, et prit à tâche de reconstituer par son crayon la forme primitive de la demeure de Dioclétien, sous les dégâts qu'elle a subis par le temps et par les révolutions, sous les superfétations de petits logis d'ouvriers ou de bourgeois qui en dénaturent de tous côtés la face grandiose. M. Adams publia à Londres, en 1763, un ouvrage qui restera comme une belle œuvre d'art, quoiqu'elle soit sur plusieurs points visiblement exagérée ou notoirement fautive. Plus tard, M. Cassas a publié, à Paris, un autre ouvrage, qui, en réalité, mérite une plus grande estime [1].

Les deux artistes n'ont pu cependant parvenir à nous donner que des fragments d'architecture; et comment faire pour recomposer, à quinze siècles de distance, le palais tout entier, dans le labyrinthe de rues, de ruelles, de carrefours qui en remplit l'étendue, après ce que

1. *Voyage pittoresque et historique de l'Istrie et de la Dalmatie.* Paris, 1802.

tant de générations ont successivement creusé, brisé, renversé dans ces murs! La place de la cathédrale a seule été protégée; et encore, après l'avoir bien étudiée, est-on sûr qu'on se fasse une juste idée de ce qu'elle fut jadis? A l'un de ses angles est la demeure d'un apothicaire; à un autre celle d'un cordonnier; au milieu, un pâtissier.

O vanité des prétentions et des espérances humaines! Dioclétien employa douze années à construire cet édifice; il en fit tailler les colonnes, les chapitaux par les meilleurs sculpteurs de son temps; il épuisa, pour élever ces longues façades, les carrières d'une pierre qui a la dureté du marbre; et ces colonnes servent aujourd'hui d'appui à de misérables échoppes; et sous les arceaux de son magnifique péristyle, les oisifs de la ville se réunissent pour lire la *Gazette de la Dalmatie* en prenant une mauvaise tasse de café!

Sur la fin de son règne, il ordonna une nouvelle persécution contre les chrétiens, et sa dernière retraite a servi de refuge aux chrétiens. Sous ses murailles épaisses, ils se sont abrités comme en un temps d'orage on s'abrite sous un manteau, et les temples que l'empereur païen consacrait à ses idoles sont devenus des temples chrétiens; et sa tombe même n'est point restée sous la voûte où il pensait qu'elle reposerait éternellement.

Une fois le palais rempli, la population toujours croissante de Spalato se jeta hors de son enceinte, bâtit une autre ville, et s'entoura d'un autre rempart. Mais ni la nouvelle, ni l'ancienne ville ne présentent un coup d'œil riant. Leurs rues sont également étroites, sombres, bordées pour la plupart de maisons de chétive apparence. Dans ce chef-lieu d'un département dalmate, l'étranger ne trouve pas même une auberge où il puisse décemment loger, et l'amateur de livres pas une bonne librairie. Cependant, il y a là un musée d'antiquités, organisé par des archéologues instruits, et Spalato a produit à diverses époques des hommes distingués, plusieurs prélats, deux papes, des érudits, des écrivains, et, au-dessus d'eux tous, saint Jérôme, cette lumière de la Thébaïde, cette gloire de l'Église.

Spalato a deux ports. Quand on arrive dans celui où abordent les navires par un temps calme, dans celui qui touche à l'une des portes du palais, on n'a devant soi qu'un amas de murailles grises ; au delà, des montagnes de la même teinte, et il semble que cette ville soit, comme la plupart de celles qu'on voit en Dalmatie, fondée sur un aride terrain ; mais entre ses nouvelles lignes de circonvallation et un autre port, s'étend une verte et féconde campagne, pleine de vignes, d'oliviers et d'autres arbres à fruit. Près de là est Salone, jadis capitale de la contrée, maintenant humble petit village, qui a vu s'en aller ses édifices avec ses habitants ; car les pierres de ses remparts ont servi à l'agrandissement de Spalato, et le clocher de l'église de saint Doimi a été presque entièrement construit avec les débris de l'antique cité.

A ma seconde visite à Spalato, le vent nous ayant forcé de relâcher dans cette seconde rade qu'on appelle la rade *degli Paludi*, j'ai passé une agréable matinée dans un couvent de franciscains, cet ordre à qui j'ai dû, en Syrie, une si heureuse hospitalité. Le supérieur, apprenant qu'un voyageur désirait voir son religieux établissement, est venu lui-même à moi en me tendant la main. Il m'a promené de corridor en corridor dans cette vaste maison, qui pourrait contenir une nombreuse corporation, et qui n'est habitée seulement que par trois frères, lesquels n'ont pour subsister que les dons volontaires des fidèles. Puis il m'a conduit dans sa bibliothèque, dont la composition annonce un goût éclairé ; puis, à la sacristie, où l'on garde avec soin deux livres d'une rare beauté. Ce sont deux énormes missels in-folio, écrits lettre par lettre avec une netteté que nulle typographie ne peut surpasser, et ornés, presque à chaque page, de guirlandes, de couronnes de fleurs d'une grâce de composition et d'un éclat de couleur étonnants. Ces deux manuscrits, qu'on peut mettre en parallèle avec les plus charmantes œuvres du moyen âge, furent faits au XVIIe siècle, par un des membres de la communauté. Quelques jours avant de mourir il y travaillait encore. C'était son monument, noble et pur monument, qui fait vénérer sa piété et admirer sa patience.

Du port des Paludi, nous arrivons en trois heures à l'île de Lésina. Les Grecs de Pharos y jetèrent une colonie et lui donnèrent le nom de Pharia. Plus tard, l'île païenne devint le refuge d'une quantité de chrétiens poursuivis par les arrêts de persécution des empereurs, et fut appelée la *Pharia sacra*. Puis elle fut prise par les pirates narentins, puis gouvernée par des seigneurs, et, en 1431, cédée par l'un d'eux, Aliota Capenna, au gouvernement de Venise. Pendant les longues guerres que la reine de l'Adriatique eut à soutenir contre les Turcs, elle assemblait là les escadres qu'elle se préparait à lancer sur les parages ennemis; et, lorsque ces guerres furent finies, Lésina resta pour elle une des principales stations des navires qu'elle employait à protéger le commerce de l'Adriatique.

L'île a environ quatorze lieues de longueur et deux seulement de largeur. Elle produit des figues dont on vante la saveur, de l'huile de romarin qui est employée dans la fabrication des savons fins, et un vin très-renommé en Dalmatie, qu'on appelle *vino di Spiaggia*. Elle produit en outre de l'huile d'olive, du miel, du safran et des céréales.

La petite ville qui en est le chef-lieu est encaissée au fond d'une baie dans un cercle de rocs comme dans une chaudière. De son administration vénitienne elle a gardé plusieurs vestiges : un élégant portique construit par Sanmichel pour être une de ces loges où les magistrats s'assemblaient en conseil, rendaient la justice, et le lion de Saint-Marc, ce fameux lion aux ailes ouvertes, au mufle aigu, aux griffes serrées, que l'on trouve à Zara, à Sebenico, partout où Venise a régné.

Malgré l'importance de sa situation, Lésina n'était encore au siècle dernier protégée que par une citadelle élevée par les Espagnols lorsqu'ils s'associèrent aux Vénitiens pour combattre les Turcs, et qui a conservé le nom de Spagnuolo.

Les Français ont bâti, sur un des coteaux qui dominent la ville, le fort San-Nicolo. L'Autriche, à la suite de la bataille d'Austerlitz, nous abandonnait la Dalmatie, et nous étions obligés de disputer cette nouvelle conquête à l'opiniâtre inimitié des Russes et des Anglais.

Le 29 avril 1807, un vaisseau russe, escorté de plusieurs autres bâtiments de guerre, entra dans le port de Lésina et somma la place de se rendre. Nos soldats n'avaient alors d'autres moyens de défense que le fort de Spagnuolo et une petite batterie. Ils résistèrent cependant si vaillamment aux Russes qu'ils les obligèrent à se retirer. Un an après, les troupes du Tzar abandonnaient les parages de la Dalmatie.

Les Anglais, plus tenaces, s'établirent au sud de Lesina, dans cette bande de terre allongée comme un canon de fusil, qu'on appelle l'île de Lissa. Là, ils firent des retranchements, là ils amassèrent des munitions; de là ils s'efforçaient de souffler de toutes parts contre nous le feu de la guerre. De là, enfin, ils se jetaient de côté et d'autre sur tous les points dont nous prenions difficilement possession, harcelaient nos soldats, capturaient nos navires.

Ce repaire de nouveaux Narentins, les Français devaient nécessairement aspirer à l'abolir. Au mois de mars 1811, une escadre partit d'Ancône pour s'emparer de Lissa. Par sa trop vive ardeur à engager le combat, le valeureux capitaine Dubourdieu, qui commandait l'expédition, échoua dans son entreprise ; lui-même y périt, noblement frappé d'une balle sur le pont de son bâtiment. Son escadre fut anéantie, et les Anglais conservèrent leur île de Lissa jusqu'en 1814.

Je n'ai, je le déclare, pas la moindre envie de me poser en patriote. Cet adjectif a été, depuis plus d'un demi-siècle, trop profané pour qu'en essayant de le mériter, je ne redoute de toucher à une de ses honteuses souillures. Cependant je dois le dire, au risque de commettre une phrase de patriote, je ne puis voir sans une impression pénible un lieu qui me rappelle un des accidents ou une des douleurs de la France ; car la France, telle qu'elle soit, c'est notre chère terre à nous qui y sommes nés et qui y mourrons si à Dieu plaît ; c'est la lumière avec ses ombres, c'est le fleuve généreux avec ses immondices, c'est le noble métal de la fournaise avec ses scories ; c'est la France, ô Seigneur ! telle que vous l'avez faite dans vos grands et mystérieux desseins, le plus ardent foyer, après tout, et le plus noble cœur de l'humanité.

Avec cette pensée de patriotisme, je m'éloigne des sinistres rives de Lissa, et je vais aborder dans une autre île où nos vieux vétérans soutinrent contre les Russes une lutte plus glorieuse. C'est l'île de Curzola, qui, dans son espace restreint, me rappelle à la fois l'industrie nautique de Lussino et la végétation de Spalato.

A la pointe d'un promontoire, entouré de collines où verdoient des forêts de pins, de cyprès, de lentisques, s'élève la petite ville qui s'est fait au loin un renom par ses constructions navales. Elle est obligée de faire venir de l'Istrie ou de l'Albanie ses bois de charpente ; mais ses ouvriers sont si habiles que nul armateur, désireux d'avoir un bon bateau, n'hésite à le leur payer plus cher qu'à d'autres. Ce sont eux qui font toutes les chaloupes du Lloyd. Ils construisent aussi des bâtiments côtiers et des navires d'une plus grande dimension. Sur leurs chantiers, j'en ai vu un de quatre cent cinquante tonneaux. Une nouvelle ville, active, intelligente, ville d'ingénieurs, de charpentiers et de voiliers, s'est peu à peu formée sur les contours de la rade, au pied de la primitive cité, serrée dans ses remparts comme un enfant dans ses langes. Ainsi que la plupart des cités dalmates, elle a dû se tenir en garde contre plus d'une invasion, en ces longs temps de guerre où l'on vit tour à tour les empereurs grecs, les Hongrois, les Génois, les Turcs, les Vénitiens se disputer la possession de l'Adriatique, les pirates y promener leur cruel pavillon, et de petits seigneurs rapaces joindre à tant de conflits un nouvel élément de désordre par leurs ambitieuses prétentions.

Dès le xe siècle, les Vénitiens s'étaient emparés de l'île de Curzola, dont quelques historiens font remonter la colonisation jusqu'aux Phéniciens; mais Venise n'était pas toujours en mesure d'assurer une protection efficace aux pays qu'elle s'enorgueillissait de soumettre à son pouvoir. En 1298, sous les murs même de Curzola, une de ses flottes fut battue par les Génois, et le provéditeur André Dandolo fut fait prisonnier. Les Génois le chargèrent de chaînes, et ils se réjouissaient de le ramener dans leur port pour le donner en spectacle à leurs concitoyens; le fier

Vénitien ne leur laissa point cette joie : un jour il se précipita contre un des mâts du navire et se brisa la tête.

Nous devons à cette bataille les curieux récits de Marco Polo. Il était là, aussi, l'aventureux voyageur, et il fut comme Dandolo fait prisonnier sur sa galère. Pour oublier les ennuis de sa captivité, il se mit à écrire la relation de ses lointaines explorations, et par cette œuvre charma tellement les Génois qu'ils lui rendirent la liberté.

Vers la fin du xvi° siècle, Curzola faillit devenir la proie des Turcs ; la courageuse résolution de ses femmes la sauva. A l'approche du corsaire algérien Uluz-Ali, qui venait de s'emparer d'Antivari, de Budua, le commandant militaire s'enfuit avec ses soldats et une partie des habitants. Les corsaires ne voyant de loin aucun signe de défense, se préparaient à descendre à terre, quand soudain les femmes apparurent sur les remparts, le casque en tête, le sabre à la main. Uluz-Ali, à cet aspect, crut qu'il y avait là une nombreuse garnison et se retira.

Maintenant les femmes de ce district maritime

et des plages voisines seraient bien en état encore de défendre leurs foyers, en un jour de péril. Comme la plupart des hommes sont, ainsi que ceux de Lussino, presque constamment éloignés d'elles par leur métier de marins, elles cultivent elles-mêmes la terre, elles accomplissent les plus rudes travaux, et par cette vie laborieuse acquièrent une force étonnante.

Celles de la péninsule d'Orebiccio sont remarquables entre toutes par leur énergique beauté. On les voit souvent venir à Curzola, conduisant elles-mêmes leurs barques, amurant leurs voiles comme des bateliers de profession. Plus d'une d'entre elles pourrait dire, en répétant une strophe d'une vieille romance espagnole :

> Irme quiero, madre,
> A aquella galera
> Con el marinero
> A ser marinera[1].

Il n'est pas un étranger qui, en les apercevant, ne s'arrête pour les observer, surpris à la fois de leur expressive physionomie et de l'étran-

[1]. Je désire, ma mère, m'en aller sur cette galère avec le marinier pour être marinière.

geté de leur costume. Comme il est rare qu'elles n'aient pas à pleurer quelque cher marin, quelque parent, elles sont vêtues d'une robe noire, et en même temps elles ont sur la tête la plus plaisante, la plus bizarre, la plus carnavalesque coiffure qu'il soit possible d'imaginer; des amas de bouquets de fleurs, des flots de rubans, des gerbes de paillettes, des masses de verroteries, des pièces d'or étrangères, tout ce qu'un père généreux ou un fiancé prodigue leur a rapporté de ses voyages.

Singulière association d'une robe noire et d'une si joviale parure, d'une perpétuelle pensée de mort et d'un joyeux espoir de retour ! Mais combien de femmes dans le monde ont ainsi des fleurs sur la tête et le deuil dans le cœur !

II

RAGUSE

II.

RAGUSE.

D'île en île, de cité en cité, Venise finit par étendre sa domination sur toute la côte de Dalmatie. De Curzola à Cattaro, il lui est resté cependant une lacune dans ses conquêtes, un point d'arrêt dans sa perspective, comme le moulin de Sans-Souci dans celle du parc royal de Prusse et la vigne de Nabot dans les domaines d'Achab. Il est resté au beau milieu de ses possessions une petite terre, une petite ville sur lesquelles, malgré ses efforts, elle n'a pu mettre sa griffe de lion. C'est Raguse qui dans ses étroites limites se fit jadis un nom imposant, qui aujourd'hui est si tristement déchue de son ancienne splendeur.

Si comme l'a dit un écrivain, ces côtes escarpées, ces scogli de la Dalmatie, habités par une population à part entre de grands États ressemblent à une Suisse maritime, Raguse m'apparaît dans cette Suisse comme une autre Genève grave, prudente, honnête, instruite, mais une Genève catholique qui garda constamment le dogme de ses pères et tint ses portes fermées contre les réformateurs avec autant de soin que contre les Turcs, ses redoutables voisins.

La Providence qui dans ses mystérieux desseins fait tour à tour monter et décliner les peuples, a jeté celui-ci du haut de sa virile indépendance dans la plus humble situation. Mais s'il est des nations qui par leurs égarements préparent elles-mêmes leur ruine et justifient leur infortune, la république de Raguse est dans ces annales humaines une exception. Elle ne mérita sa chute par aucune folie, elle fut la victime de deux catastrophes que sa perspicacité ne pouvait prévoir, que sa raison ne pouvait empêcher.

Pas un État ne présente dans une continuité de douze siècles une histoire plus régulière que celui-ci, plus pure de tout désordre, et rehaussée par plus de nobles actions. J'essayerai d'en faire ressortir les premières phases et je remonte à son origine.

A quelques lieues de la pointe de terre où s'élèvent les remparts de Raguse, une colonie grecque fonda en l'an 689 avant Jésus-Christ une ville à laquelle elle donna le nom d'Épidaure, et qui fut comme celle du Péloponèse consacrée à Esculape. Elle avait un temple qui acquit une certaine célébrité et un port qui était passablement fréquenté. Les Romains s'en emparèrent sans peine au temps où ils s'emparaient de tant de vastes régions. Pendant la guerre de Pompée et de César, Épidaure ayant pris parti pour César fut assiégée par Octave et délivrée par Vatinius. Plus tard elle eut la hardiesse de se révolter contre l'autorité romaine et fut subjugée par le proconsul C. A. Pollio, qui obtint les honneurs du triomphe pour ses victoires en Dalmatie, et l'honneur plus durable d'une commémoration dans les vers d'Horace [1].

---

1. . . . . Pollio
 Cui laurus æternos honores
 Dalmatica peperit triumphos. (Od., II, 1.)

Depuis cette époque, elle disparaît comme un obscur atome dans le tourbillon de l'histoire romaine. Elle fut prise, saccagée par les barbares, et l'on ne peut dire au juste en quelle année. Selon quelques écrivains, elle aurait été anéantie par les Goths en 265, selon d'autres, beaucoup plus tard, par les Slaves.

De ce désastre date l'existence de Raguse. Les habitants d'Épidaure voyant leurs champs dévastés, leurs maisons incendiées s'enfuirent devant les hordes cruelles dont ils n'avaient à attendre aucune pitié et se firent une autre demeure. Après le malheur qu'ils venaient de subir, et dans l'effroi qu'ils éprouvaient encore, l'essentiel pour eux était bien moins de chercher un sol fécond, une rade commode qu'un emplacement qui leur offrît un moyen de défense contre une nouvelle invasion. Ainsi s'explique la situation de Raguse plantée comme une pallissade entre une chaîne de rocs et son petit port, tandis qu'à une demi-lieue plus loin ses habitants pouvaient prendre une position charmante entre la large baie de Gravoça et la verte vallée d'Ombla.

Au VIIe siècle, la ville fondée par la colonie d'Épidaure s'accrut par la dévastation de Salone d'une nouvelle cohorte d'émigrants. Ainsi Raguse a été comme Venise fondée par des réfugiés, et comme à Venise il se forma dans son enceinte une caste de patriciens, un gouvernement oligarchique. Mais là s'arrête la comparaison entre les deux cités rivales. Autant Venise se montra ambitieuse dans son essor, avide dans ses calculs, possédée du désir d'étendre de toutes parts ses conquêtes, hautaine et dure envers les pays qu'elle dominait, intrigante et cauteleuse envers ceux dont elle redoutait la puissance, autant Raguse resta modeste dans ses prétentions, dévouée à de nobles sentiments de justice et de générosité. Sa force lui vint de sa probité et son agrandissement de sa vertu.

En suivant de point en point les annales de cette ville, on dirait que les pauvres exilés qui la bâtirent avaient au ciment de ses murs mêlé les larmes de leur douleur, et répandu dans l'âme de leurs enfants un sentiment inextinguible de sympathie pour toutes les infortunes.

Que de fugitifs sont venus là, qui tous y ont été accueillis avec un affectueux intérêt, et au besoin défendus avec une énergique résolution!

C'est d'abord Marguerite, veuve d'Étienne, roi de Dalmatie. Son cousin Bogoslav, qui venait de monter sur le trône, demanda impérieusement qu'elle lui fût livrée; les Ragusains s'y refusèrent.

C'est ensuite la veuve de ce même Bogoslav qui, fuyant avec son fils devant une émeute populaire, vint avec confiance demander un asile à cette ville cruellement traitée par son mari.

C'est ensuite Radoslav, roi de Servie, dépossédé de sa couronne par son neveu Bodino.

C'est une légion de catholiques bosniens qui, à l'époque où le schisme religieux jetait une fatale division dans ce pays, se retirait au sein de la petite république où ils pouvaient garder en paix leur orthodoxie.

Chaque guerre civile qui éclatait dans les États voisins de Raguse lui donnait ainsi quelque malheur à consoler, quelque faible émigrant à soutenir. Les croisades lui en donnèrent d'autres.

Au xiiᵉ siècle apparaît là le fougueux souverain de la milice bretonne, le rival de Philippe Auguste, l'ami du tendre Blondel, le héros de tant de légendes poétiques, Richard Cœur de Lion. Assailli par une tempête en quittant Corfou, il fit vœu de bâtir une église à la Vierge sur la première terre où il aborderait, et il aborda sur le territoire de Raguse, dans l'île de Lacroma. Là était une communauté de bénédictins, qui accueillirent avec tout le respect qui lui était dû le vaillant soldat. Richard se souvenant de son *ex-voto* leur donna cent mille marcs pour construire une église. Il ne pensait pas, le roi magnanime, qu'un jour ses sujets seraient obligés de se cotiser pour le délivrer de la prison où son ennemi Léopold d'Autriche allait bientôt honteusement l'enfermer. Les magistrats de Raguse, en apprenant son arrivée, se rendirent près de lui, l'engagèrent à visiter leur cité et lui firent une pompeuse réception. A leur prière, il altéra les pieuses dispositions qu'il avait prises. Il appliqua ses cent mille marcs à la construction d'une cathédrale dans leur hospitalière capitale, mais à la condition que l'abbé et les religieux de Lacroma viendraient chaque année à la Purification y célébrer une messe [1].

Après l'impétueux Richard, voici venir d'autres défenseurs de la chrétienté, les braves vaincus de Nicopolis. En deux siècles, que de progrès avaient faits les sectaires du sabre, les disciples de Mahomet! Au lieu de défendre les frontières de l'Arabie contre l'irruption des chrétiens, ils s'avançaient eux-mêmes dans les régions chrétiennes, avec le belliqueux fanatisme du Coran, avec le glaive d'Asraël, l'ange de la mort. Ils touchaient à Constantinople, ils marchaient vers la Germanie. En 1396, sur les rives du Danube, cent mille hommes se levaient contre la vague mahométane comme une digue néerlandaise contre les flots de la mer. Dans ces cent mille hommes étaient l'élite de la noblesse de France et l'élite de la noblesse allemande, les comtes de Nevers, d'Eu, de La Marche, l'amiral de Vienne, le maréchal de Boucicault, comman-

---

1. Les traditions vulgaires fixent à Aquilée la première halte de Richard. Il est certain cependant qu'il s'arrêta d'abord à Raguse. La cathédrale bâtie par sa munificence fut renversée dans le tremblement de terre de 1667.

dés par Sigismond, roi de Hongrie, dont les États devaient être envahis par le torrent dévastateur. L'armée chrétienne fut vaincue dans la fatale plaine de Nicopolis, vaincue par la faute de son ardeur et de son impétuosité. Sigismond trouva dans les murs de Raguse une consolation à ses douleurs, et les nobles chevaliers de France, délivrés des mains de Bajazet par une large rançon[1], trouvèrent aussi dans la même ville un doux accueil et un doux repos.

Les conquêtes des Turcs sur les rives du Danube jetèrent encore à Raguse, Georges, roi de Servie, puis Anne, veuve de Lazare, dernier souverain de cette contrée. La prise de Constantinople y jeta plusieurs descendants des familles impériales d'Orient : des Paléologue, des Comnène, des Lascaris.

Raguse fut récompensée de quelques-uns de

---

1. A ceux qui ont quelque peu étudié l'histoire des progrès et de la décadence de l'empire musulman, je n'ai pas besoin de rappeler que la défaite subie par les chrétiens, sous les murs de Nicopolis, a été trois fois vengée; en premier lieu par les Valaques, en 1598 ; puis par les Russes, qui, en 1811, anéantirent sous ces mêmes murs une flotte turque ; et par une autre armée, qui, en 1829, prit d'assaut cette ville au fatal souvenir.

ses actes d'hospitalité par de libérales dotations. Le roi Étienne, de Dalmatie, lui donna un territoire de douze lieues environ de longueur. Sylvestre, autre prince de Dalmatie, lui donna les îles de Calamotta, Mezzo et Giupan, Radoslav agrandit le domaine des religieux de Lacroma. Richard, comme nous l'avons dit, contribua pour une somme considérable à la construction d'une cathédrale.

Mais d'autres réfugiés exposèrent la généreuse ville de Raguse à d'ardents sentiments de haine, à de graves périls, et quelquefois l'entraînèrent dans des luttes désastreuses.

Quand elle refusa de livrer à Bogoslav la veuve de son ami Étienne, le farouche dalmate leva une armée de dix mille hommes, vint assiéger la noble cité, et, ne pouvant y entrer, ravagea sa campagne et ses faubourgs.

Quand elle eut reçu dans ses murs Radoslav, roi de Servie, son neveu Bodino, qui l'avait dépossédé de son trône par la plus odieuse trahison, somma le sénat de Raguse de le lui abandonner. « Nous nous sommes fait une loi, répondit noblement le sénat, non-seulement de ne pas refuser un asile à celui qui vient à nous dans l'adversité, mais de le protéger contre ses ennemis. »

Bodino, furieux, jura d'anéantir la ville et s'avança contre elle avec une armée formidable. Pendant sept ans, il la tint opiniâtrément assiégée, et peut-être qu'elle eût fini par succomber, si, dans un de ses accès de fureur, Bodino n'eût fait lâchement égorger un de ses proches parents. Cet acte de cruauté révolta ses soldats. Il fut obligé de retourner dans son royaume. Mais il voulait revenir. Il avait construit, près des remparts de Raguse, une citadelle, et il y laissait en partant une forte garnison. Quelques années après, la mort délivra les Ragusains de ce terrible ennemi. Ils s'emparèrent par surprise de la citadelle qu'il avait bâtie, la démolirent, et sur ses ruines édifièrent une église.

La magnanime petite Raguse ! Dans cette guerre, presque aussi longue et plus noble, on l'avouera, que celle de Troie, elle a eu ses vaillants Hectors et ses Andromaques épurées ; elle n'a malheureusement pas eu son Homère. Ses annalistes ont simplement relaté dans des chroniques ignorées les principaux incidents de ce siége, dont les Ragusains acceptaient avec une si noble résolution les périls, et supportaient avec une inébranlable vertu toutes les souffrances. Un des épisodes de cette lutte de sept années mérite d'être cité comme un exemple de courage à joindre à tant d'autres dont le clergé chrétien s'honore, comme un témoignage de l'ascendant que la voix du prêtre exerçait en ce temps sur les natures les plus sauvages. Tandis que Bodino, enflammé de fureur par la résistance des Ragusains, ne parlait que de les anéantir dans leurs murailles, leur archevêque, accompagné de l'abbé de Lacroma, se rendit à son camp, et là, au milieu même de ses soldats, lui reprochant hautement sa violence et ses crimes, ses désirs impies et la mort de ses parents, l'invita à courber le front devant Dieu et à faire pénitence. Bodino fut si ému de ce discours qu'il fit élever près du cloître de Lacroma un monument à la mémoire des membres de sa famille victimes de sa sanguinaire occupation, et donna aux moines de cette ville la vallée de Gionchetto.

Dans le même siècle, Thomas Becquet s'opposait aussi aux ambitieux projets de Henri II, et le zélé prélat payait de sa vie son audace religieuse. Le fougueux roi de Servie était encore moins barbare que le Plantagenêt.

Pour défendre les catholiques bosniens, les Ragusains durent aussi prendre les armes contre un homme puissant, contre Barich, régent de Bosnie, qui leur enjoignit de repousser ses sujets fugitifs. Barich marcha contre ces nobles défenseurs de l'opprimé, et ravagea leur territoire. L'année suivante, il revint avec des forces plus considérables; mais il fut battu, et réduit à demander lui-même la paix. Pour l'obtenir, il s'engagea à indemniser Raguse des dommages qu'elle avait soufferts dans ces deux campagnes, et à lui envoyer chaque année en signe de bonne amitié, deux chiens et deux chevaux.

Notons encore, parmi les périls que cette généreuse cité bravait si courageusement pour venir en aide à l'infortune, celui qu'elle affronta en ouvrant ses portes à Georges Brancovitch, un des voïvodes de Servie, fuyant devant les hordes d'Amurat qui venaient d'envahir ses domaines.

En partant, Georges avait eu soin de recueillir ses trésors, et il les emportait avec lui. Amurat fit dire aux magistrats que s'ils ne lui livraient ce fugitif, il détruirait de fond en comble leur ville. Cette fois, la situation était grave; il ne s'agissait plus de résister à un prince de Bosnie, mais à une armée victorieuse qui s'avançait comme un ouragan du côté de l'Adriatique. Raguse était d'ailleurs, depuis environ un siècle, liée aux Turcs par un traité qui lui assurait leur protection. Elle ne pouvait les irriter sans s'exposer à un mortel désastre; cependant elle ne voulait point trahir l'espoir de celui qui était venu avec confiance lui demander un refuge. Dans cette douloureuse conjoncture, les magistrats en appelèrent à la décision de Georges même. En lui représentant la cruelle alternative où la république se trouvait placée, d'un côté, la crainte de manquer à ses devoirs d'hospitalité, de l'autre, celle d'offenser un ennemi redoutable, ils lui inspirèrent à lui-même l'idée de se retirer; mais ils ne le laissèrent point s'éloigner à l'aventure, comme s'il s'était furtivement échappé de leurs mains. Ils lui donnèrent une escorte et le firent transporter sur une de leurs galères jusqu'à Scardona, d'où il gagna Bude. Quand ils apprirent qu'il était en sûreté, ils écrivirent sur un des côtés de leur enceinte : « Par cette porte est entré Georges avec tous ses trésors, » et sur une autre : « Par cette porte, il est sorti avec tous ses trésors; » puis ils envoyèrent à Amurat des présents pour apaiser sa colère, et le sultan rendit lui-même justice à leur noble conduite.

Dans leur vertu hospitalière et dans les calamités auxquelles ils s'imposaient pour la mettre en pratique, les Ragusains étaient soutenus, non-seulement par un sentiment d'humanité ou de commisération, mais par une pieuse pensée, par une foi fervente en la justice du Dieu qui sonde les cœurs et les reins, et prête la force de son bras à l'opprimé. Entre tous les Dalmates, les Ragusains méritent d'être cités pour la sincérité et la consistance de leurs idées religieuses. Sur leurs remparts ils plaçaient, comme une égide, la statue de saint Blaise, leur patron; elle s'élevait à la porte de leur ville comme un signe de salut pour les malheureux; elle s'élevait sur le bord de leur rade comme un signe de bénédiction pour les navigateurs. Les marins du pays la saluaient avec une espérance chrétienne à l'heure du départ, avec une douce joie de cœur à leur retour, comme les bateliers du Canada, ces bons, honnêtes bateliers que je ne puis me rappeler sans une affectueuse émotion, saluent encore sur le Saint-Laurent leur chapelle de Sainte-Anne.

> Faintly as tolls the evening chime
> Our voices keep tune and our oars keep time
> Soon as the woods on shore look dime
> We'll sing at. St. Ann's our parting hymn.

Cette même figure de saint Blaise, les Ragusains la plaçaient entre deux tours sur leur pavillon, sur le sceau et dans les armoiries de la république, comme une image de la puissance céleste, entre les deux symboles de la force matérielle. Ils fondaient autour d'eux des monastères et des établissements de bienfaisance : ils bâtissaient des églises, et, pour les enrichir, ils cherchaient à recueillir de saintes reliques dans tous les pays dont leurs relations de commerce leur ouvraient l'accès. « Ils les cherchaient, non sans péril, dit leur historien Appendini, tantôt à leurs frais, par la naturelle impulsion de leur piété et de leur religion, tantôt pour le compte de l'État[1]. »

Grâce à ces recherches ferventes, Raguse s'est fait une merveilleuse collection de reliques, et de désastreux événements lui ont enlevé ses richesses terrestres, mais elle a gardé son saint trésor.

Toutes les îles, toutes les vallées soumises à son pouvoir ont été christianisées et maintenues dans une pure orthodoxie. Le protestantisme n'a pu pénétrer dans ses domaines, mais quand les jésuites apparurent dans cette république, toutes les maisons d'éducation leur furent confiées.

Qu'ils répètent les philosophes de notre temps l'anathème lancé par les encyclopédistes du XVIIIe siècle contre cet ordre religieux, qu'ils s'encouragent à la haine contre lui par les pamphlets d'une ère de désolation, qu'ils invoquent pour leur servir de soutien les mânes de Voltaire dont ils n'imiteront jamais le satanique esprit,

---

1. « Segundo i naturali moti della pieta e religione, ora a
« spose propre, ed ora della lora republica, non senza gravi
« pericoli. »

et trempent leur plume dans sa bile dont ils ne retrouveront pas l'âcreté, quiconque aura suivi avec une impartiale pensée l'œuvre des jésuites dans les lieux où ils portaient la lumière de l'intelligence humaine avec la lumière de la foi, s'inclinera devant ces apôtres héroïques, martyrs du fanatisme de l'idolâtrie dans les régions barbares, martyrs d'une implacable animadversion dans les régions de l'Europe.

Pour moi, je me souviens qu'il y a trois ans, je ne pouvais sans une sincère admiration observer tout ce qu'ils avaient fait pour éclairer, pour moraliser les peuplades d'Indiens de l'Amérique du sud. Maintenant me voici dans un petit État serré d'un côté entre la mer, de l'autre, entre les provinces jadis occupées par d'ignorantes populations slaves, puis envahies par les hordes musulmanes. Et ce pays a brillé comme un phare dans les ténèbres qui l'environnaient, et sa plus grande illustration littéraire lui vient du temps où il se confiait à l'enseignement des jésuites.

On publie en ce moment à Raguse une biographie des hommes illustres de la république.

Il n'est pas beaucoup de villes européennes des plus lettrées et des plus notables qui puissent trouver dans leur histoire littéraire les éléments d'un si vaste recueil. Il y a là des érudits, des historiens, des poëtes, des savants, et les trois hommes qui dans cette longue galerie occupent la place la plus élevée furent dirigés par des jésuites. C'est Gondola, l'Arioste de ces contrées slaves, l'auteur de l'*Osmanide*, poëme en vingt chants dans lequel il retrace les guerres des Polonais contre les Turcs. C'est Ghetaldi à qui l'on attribue l'honneur d'avoir indiqué avant Descartes l'application de l'algèbre à la géométrie. Il écrivit en latin plusieurs ouvrages très-estimés des mathématiciens, et, dans sa modestie, il avait pris pour devise : *Malim scire quam nosci, discere quam docere.*

C'est Joseph Boscovitch, très-estimé en Angleterre, où il fut élu membre de la Société royale des sciences, très-connu en France, où M. de Vergennnes lui donna un honorable emploi dans la direction des optiques. Il quitta notre pays à la suite d'une contestation avec Bouguer, et mourut à Milan professeur d'astronomie.

Par suite de son double élément de population, par les rapports incessants qu'elle entretenait d'un côté avec l'Italie, de l'autre avec les districts slaves, Raguse cultiva à la fois la littérature italienne et la littérature slave, et au temps où la langue latine était la langue scientifique de l'Europe, elle eut aussi un grand nombre d'écrivains latins. Elle se vante, et à juste titre, dit-on, d'avoir conservé l'idiome italien dans toute sa pureté, et les Slaves lui doivent plus d'une œuvre importante.

Ici les savants n'étaient cependant soutenus dans leurs travaux ni par de puissants patronages, ni par les rêves d'un grand renom, ni par la perspective d'une fonction lucrative, ou d'un honneur académique. Dans l'isolement de leur petite contrée, dans le cercle restreint où leur vie était enfermée, ils s'instruisaient, ils écrivaient par le penchant naturel de leur esprit, par l'amour le plus pur et le plus désintéressé des lettres. Quelques-uns seulement eurent la gloire de rayonner en pays étranger ; la plupart sont humblement restés dans la ruche de Raguse.

La même modestie apparaît dans la fortune

sociale de la république. Resserrée dans d'étroites limites, sur un sol peu propre à l'agriculture, c'est par le commerce qu'elle s'enrichit, par un commerce patient, intelligent, honnête, qui peu à peu se développa et s'étendit de côté et d'autre jusqu'en de lointains pays, sans jamais porter le gouvernement de Raguse à l'arrogance du sénat de Venise, sans l'égarer par les séductions d'une ambitieuse idée de conquête.

Dès le IXe siècle, en 868, les Ragusains avaient déjà assez de navires pour transporter les troupes slaves qui allaient en Italie combattre les Sarrasins.

En l'an 980, un de leurs bâtiments capturé par les Vénitiens portait une cargaison d'une valeur de vingt-cinq mille ducats. Au XIIIe siècle, ils naviguaient sur les côtes de la Méditerranée, et, au XVe, leur commerce prit une plus grande extension par la permission que le pape leur accorda de trafiquer avec les infidèles.

Tandis que les Turcs se précipitaient sur les rives du Danube et les rives de l'Adriatique, subjuguaient l'Albanie, la Servie, l'Herzegovine, la Bosnie, et lançaient leurs impétueuses cohortes jusque dans la capitale de la Hongrie, Raguse échappait à cette invasion; Raguse eut le talent de se tenir à l'écart dans l'effroyable débordement de la puissance mahométane, de maintenir son indépendance, non toutefois sans de graves et fréquentes appréhensions. Dès l'année 1368, elle avait conclu un traité avec l'émir Orcan, aïeul de Bajazet. En renouvelant ce traité à diverses époques, en ménageant l'orgueil des Turcs, elle trouvait dans leur appui une sauvegarde contre l'ambition des Vénitiens, elle obtenait la liberté de trafiquer dans les provinces musulmanes qui l'avoisinaient. Elle établit des comptoirs et des factoreries à Belgrade, à Routschouk, à Silistrie, à Andrinople et dans plusieurs autres villes. Elle devint enfin un des principaux points de jonction commerciale entre l'Orient et l'Occident. Mais son histoire dit assez par quels sacrifices d'argent, par quelle humiliation elle payait ces avantages. Dans son contrat avec Orcan, elle s'était engagée à payer au souverain musulman un tribut annuel de cinq cents sequins. Alors ce souverain ne portait que le titre d'émir. Ses successeurs prirent celui de sultan. Avec l'accroissement de leur dignité s'accrurent leurs prétentions, et peu à peu la somme à laquelle étaient taxés les priviléges de Raguse s'éleva à un chiffre considérable.

La république devait envoyer tous les ans, ou au moins tous les deux ans, avec une ambassade à Constantinople un impôt pour le sultan, et des présents pour ses ministres et ses favoris.

Ces ambassadeurs ne pouvaient se présenter à la cour de la Sublime Porte que dans l'attitude la plus modeste. Ils n'avaient qu'une suite peu nombreuse, étalaient peu de luxe, et, par prudence, pour ne pas éveiller la convoitise des vizirs, ils affectaient de parler de la pauvreté de leur petit pays. Ils étaient reçus en conséquence par le chef des vrais croyants, qui traitait avec un si superbe dédain les représentants des plus grandes puissances chrétiennes. Ils avaient à subir non-seulement les plus injurieux mépris, mais quelquefois les plus cruels traitements.

Parmi ces ambassadeurs qui devaient faire, à travers les domaines musulmans, un pénible et dangereux trajet pour arriver à une cité plus dangereuse encore, Raguse a pu enregistrer dans ses annales plus d'une victime d'un intrépide patriotisme, plus d'un Régulus. L'un d'eux, nommé Bona, se résigna à mourir en prison plutôt que de signer un acte désavantageux pour sa chère république. Le sénat honora son dévouement par une inscription sur une table de marbre qui fut placée dans le palais du recteur, et le sénat de Raguse ne prodiguait pas ces témoignages de distinction. Un autre de ces envoyés eut le bonheur de trouver dans ces périlleuses missions un éclatant moyen d'effacer les sombres vestiges d'une douloureuse existence.

Il appartenait à une famille patricienne et s'appelait Marino Caboga. Jeune, il s'était abandonné à l'impétuosité de sa nature et avait plus d'une fois, par la rumeur de sa vie, scandalisé les gens graves. Un jour, en présence du sénat, il fut injurié par un de ses parents, et, soudain tirant son épée, la lui plongea dans la poitrine. Arrêté aussitôt, il fut condamné à finir ses jours en prison. Il était depuis plusieurs années enfermé dans sa cellule, quand le tremblement de terre de 1667 lui en ouvrit la porte. En ce moment, Caboga eût pu fuir aisément la ville où il n'avait en perspective qu'une captivité sans fin. Sa générosité le retint parmi ses concitoyens. Il courut au secours des vieillards, des femmes qu'il voyait vaciller sur le sol tremblant. Puis prenant les armes, il attaqua et dispersa les Morlaques qui, dans leur horrible convoitise, profitaient du désastre de cette malheureuse population pour la piller impunément.

Quand l'ordre fut rétabli autant qu'il pouvait l'être après une telle catastrophe, Caboga, avec le sentiment du service qu'il venait de rendre à sa cité natale, s'en alla au conseil des nobles et demanda sa réhabilitation. L'un d'eux voulut le repousser, mais tous les autres déclarèrent d'une voix unanime qu'il avait assez expié son crime par son dévouement, et l'invitèrent à reprendre parmi eux son ancienne place. Le repentir avait éclairé son âme, le malheur avait mûri son jugement. Avec sa vive intelligence, réglée par les saines lectures qu'il avait faites dans sa prison, et sa mâle énergie tempérée par la réflexion, il devint l'un des hommes les plus actifs et les plus utiles du gouvernement de Raguse, et s'acquit l'estime universelle.

En 1677, la Porte se préparait à envahir l'Autriche et en même temps pensait à englober Raguse dans ses possessions. Caboga fut envoyé à Constantinople pour détourner par ses négociations l'orage qui menaçait la république. Là, comme les vizirs le sommaient de décider avec eux l'adjonction de Raguse aux États musulmans : « Je suis venu ici, répondit-il fièrement, pour servir mon pays, et non pour le trahir. »

Il fut jeté dans un cachot. Malgré la rigoureuse surveillance à laquelle il était soumis, il trouva le moyen d'adresser, par l'entremise d'un juif, une lettre au sénat. Dans cette lettre, digne d'un vieux Romain, il engageait ses concitoyens à défendre intrépidement, en dépit de toutes les menaces, leur indépendance. Pour l'honneur de sa patrie, il était résolu, s'il le fallait, à rester à jamais enchaîné, et demandait seulement, dans le cas où il viendrait à mourir, que le sénat voulût bien prendre soin de ses enfants et leur faire donner une éducation religieuse.

Tandis qu'il était là languissant dans son donjon, le superbe Kara-Mustapha s'avançait avec ses trois cent mille hommes sous les murs de Vienne, et des plaines de la Pologne arrivait le héros de la chrétienté. L'immortelle victoire de Sobieski, en sauvant l'Autriche, sauva du même coup la petite république de Raguse. Kara-Mustapha fut décapité et Caboga délivré de ses fers. Quand il rentra dans la ville pour laquelle il avait si noblement souffert, tous les habitants se pressèrent avec admiration sur son passage, les cloches des églises sonnèrent, et le recteur et le sénat, en costume de cérémonie, s'avancèrent hors des portes pour le recevoir.

Malgré ses traités, ses sacrifices d'argent, ses actes d'humanité, Raguse, comme on le voit, n'avait pas lieu d'être tranquille du côté des Turcs. Elle dut aussi se tenir perpétuellement en garde contre l'ambition des Vénitiens. Dès le IXe siècle, elle eut à se défendre contre leurs projets d'invasion. Une flotte partie du Lido pour se rendre, disait-on, dans le Levant, s'approcha de Raguse avec les démonstrations les plus pacifiques, et se divisa en deux escadres dont l'une jeta l'ancre dans la baie de Gravoça, et l'autre devant l'île de Lacroma. L'amiral fit une visite aux magistrats de la ville et leur dit que, dès qu'il aurait renouvelé ses provisions d'eau et de vivres, il continuerait son voyage. Cette prétendue expédition dans les régions du Levant, cette halte accidentelle près de Raguse étaient assez habilement combinées pour n'éveiller aucune défiance. Mais un prêtre vint trouver les membres du conseil et leur annonça que la nuit, saint Blaise lui étant apparu en rêve, lui avait appris que les Vénitiens cachaient des intentions hostiles. Les pieux conseillers ne se permirent point de discuter la gravité de cette révélation. Ils la considérèrent comme une grâce providentielle, armèrent le peuple et firent bien. Le lendemain, l'escadre de Lacroma s'avançait vers la ville, et des troupes débarquaient sur la plage de Gravoça. A la vue des soldats rangés sur les remparts, le traître amiral jugea que son coup était manqué, et prit le parti de se retirer.

Par reconnaissance pour saint Blaise, dont la miraculeuse apparition les avait sauvés d'un si grand péril, les Ragusains le choisirent pour leur patron, appliquèrent son image sur leur sceau et sur leur pavillon.

En 1172, les villes de la Dalmatie s'étaient placées sous le patronage de l'empire de Bysance ; Venise, qui n'admettait pas qu'il y eût sur l'Adriatique un autre patronage que le sien, arma une flotte de vingt vaisseaux et de cent galères pour ramener à leurs devoirs ces cités infidèles.

En subjuguant avec ces forces les téméraires populations qui avaient essayé de se soustraire à sa suprématie, il lui était difficile de laisser au sein de la côte dalmate la ville de Raguse s'applaudir insolemment de son indépendance. Les bâtiments vénitiens vinrent l'assiéger, mais tous leurs efforts échouèrent contre la solidité de ses remparts et le courage de sa garnison.

Enfin au commencement du xiiie siècle, par une circonstance inattendue, Venise eut la joie insigne de voir les Ragusains invoquer eux-mêmes son autorité et lui tendre en quelque sorte les mains pour qu'elle les liât d'un de ses nœuds gordiens.

Voici ce qui s'était passé :

Le chef du gouvernement de Raguse qui, par une sorte de prédestination, portait le nom de Judas, refusa de se démettre de ses fonctions au bout d'une année comme il y était obligé par la constitution. Il avait eu soin précédemment de gagner par de traîtreuses largesses les faveurs du peuple, il avait aussi soudoyé une assez grande quantité de soldats. Soutenu dans sa résolution par ses auxiliaires, il interdit les réunions du grand conseil et s'arrogea un pouvoir dictatorial. Dans la terreur qu'il inspirait, la famille des Bodoli essaya cependant de lutter contre lui. Elle fut aussitôt proscrite, et, pour échapper à une implacable colère, s'enfuit en Bosnie. Son sort effraya ceux qui partageaient ses sentiments. Tout se tut et Damiano Judas régnait sans obstacle depuis deux ans, quand un de ceux qui, par leur position, semblaient devoir lui être particulièrement dévoués, un de ses gendres, Pierre Benessa, indigné de sa tyrannie, assembla secrètement un certain nombre de nobles et leur proposa de demander à une puissance étrangère un moyen de mettre fin à la honteuse servitude de la république. Dans ce grave et difficile projet, Venise, par son voisinage, par son pouvoir, s'offrait en première ligne à la pensée des conjurés, et le résultat de la délibération fut qu'on prierait le sénat de Venise de délivrer Raguse de son autocrate en lui faisant jurer en même temps de ne point attenter aux libertés de la république. En vain deux des patriciens qui assistaient à cette mystérieuse discussion essayèrent de représenter le danger de livrer ainsi leur patrie à l'ambitieuse politique de Venise. Leur voix ne fut point écoutée, et il fut décidé que Benessa partirait au plus tôt sous un prétexte plausible et irait exposer au doge les vœux de la noblesse ragusaine.

Venise ne pouvait manquer d'accueillir avec empressement cet envoyé, dont la mission lui ouvrait une perspective inespérée. Mais comme la prudente cité, où Shakespeare a placé son juif Shilock, aimait à prendre ses gages partout où elle rendait un service, elle exigeait, pour prix de son intervention dans les douleurs de Raguse, qu'à la place de l'odieux Damiano, elle eût le droit de donner elle-même un gouverneur à la république.

Benessa n'était point autorisé à accepter une telle proposition; cependant, comme les Vénitiens en faisaient la condition *sine qua non* de leur secours, il finit par l'accepter. L'affaire étant ainsi décidée, il s'agissait d'aviser au plus sûr moyen de la mener à bonne fin, et l'on résolut d'employer la ruse plutôt que la violence.

Précisément en ce moment-là, une ambassade vénitienne était prête à partir pour Constantinople. Le sénat équipa pour elle deux galères et enjoignit au commandant de suivre les instructions de Benessa.

En arrivant à Raguse, Benessa annonça à son beau-père que ces ambassadeurs s'étaient détournés de leur route pour avoir l'honneur de lui offrir leurs hommages. Invités à dîner chez le dictateur, ils le prièrent de venir à bord de leur bâtiment pour voir les présents qu'ils portaient au nouvel empereur de Byzance. A peine était-il là qu'il fut déclaré prisonnier. Dans sa fureur, il se précipita contre les ais du navire et tomba mort.

En vertu de l'arrangement accepté par Benessa, un patricien de Venise, Lorenzo Quirini, fut installé comme gouverneur à Raguse, et la noblesse, qui avait voulu se délivrer de Damiano, ne tarda pas à reconnaître que, pour briser le lien qui la révoltait, elle s'était elle-même forgé une autre chaîne. Venise obligea les Ragusains à l'assister dans toutes ses guerres sur la côte de Dalmatie, dans ses luttes contre l'empire grec, contre les Génois et contre les pirates. Pour l'infatigable république, les Ragusains devaient réunir des cohortes de matelots, armer des galères ; pour venger ses offenses ou la seconder dans ses projets d'agrandissement, ils devaient se hasarder dans des expéditions aventureuses, dans des combats sanguinaires, auxquels les intérêts de leur république étaient complétement étrangers.

Enfin, ils trouvèrent dans l'appui du valeureux Louis de Hongrie un moyen de se soustraire aux conséquences du perfide appui qu'ils avaient demandé à Venise, et ils eurent l'art de se délivrer de leur incommode gouverneur sans trop blesser la fière cité qui le leur imposait.

Tout en acceptant le pacte de Benessa et en faisant de pénibles concessions aux exigences de Venise, les Ragusains avaient su garder leurs institutions, leur drapeau, et en réalité leur indépendance. Leur gouverneur, il est vrai, était étranger; mais nul autre étranger n'obtenait parmi eux un emploi, et de peur que celui-là n'acquît trop d'importance en restant longtemps investi de ses fonctions, les Ragusains voulurent qu'il fût changé tous les deux ans. Pendant qu'il siégeait dans leur palais, ils formaient autour de lui, par leur étroite union, par la force de leurs anciennes coutumes et la vertu de leur patriotisme, une barrière qui ne lui permettait pas le moindre empiétement.

Ce singulier état de choses se perpétua pourtant pendant près d'un siècle et demi, de 1216 à 1357, et lorsque enfin il cessa, Venise espérait bien le rétablir quelque jour et en tirer un meilleur parti. Mais les Ragusains, instruits par l'expérience, ne lui en donnèrent pas l'occasion. La trahison de Damiano est la seule, du reste, qui entache leur histoire de douze siècles. Pour prévenir l'entraînement d'une de ces fatales ambitions, les Ragusains restreignirent encore le pouvoir du chef de l'État, et ne lui accordèrent qu'une durée d'un mois.

A l'époque où la république de Raguse s'écroula, comme celle de Venise, sous les armes de la France, elle n'avait encore rien perdu de son antique caractère oligarchique. Sa population se divisait en deux classes, séparées l'une de l'autre par un espace infranchissable : d'un côté les nobles, qui disposaient exclusivement de tous les emplois; de l'autre les plébéiens, qui se laissaient humblement gouverner. Les nobles, inscrits comme ceux de Venise dans leur Livre d'Or, formaient entre eux-mêmes deux castes distinctes, désignées d'une façon singulière par deux titres universitaires. La plus ancienne noblesse s'appelait la noblesse de Salamanque, la seconde la noblesse de Sorbonne. Tel était, pour les républicains de Raguse, le sentiment de fierté attaché à l'antériorité d'un titre, que les nobles de Salamanque, siégeant au conseil avec ceux de la Sorbonne, ne pouvaient se résoudre à s'allier à eux par un mariage. Quant à une alliance conjugale entre une famille noble et une famille du peuple, c'était une de ces monstruosités auxquelles nul patricien ne pouvait songer, et le fait est qu'on n'en vit pas un exemple.

Il existe à Raguse un monument curieux de ce dédain des nobles pour les gens du peuple. C'est la statue sur le piédestal de laquelle fut gravée cette inscription :

MICHAELI PRAZATTO
BENE MERITO CIVI
1638.

Ce Prazatto était un riche marchand, qui, en mourant, légua à sa ville natale, pour des établissements de bienfaisance, deux cent mille sequins d'or. Un tel don méritait bien une honorable commémoration. Telle fut la pensée du gouvernement de Raguse, qui devait disposer de cette somme énorme. Par malheur, Prazatto était plébéien, et avec toute sa fortune n'avait pu cesser d'être plébéien. Il s'agissait donc de lui donner un témoignage de distinction commandé par sa générosité, et, en même temps, de ne point éveiller une pensée d'orgueil dans sa caste par une œuvre trop solennelle. Après plusieurs graves délibérations, les nobles convinrent de lui ériger une statue; mais au lieu de l'élever sur une place publique, aux yeux de la population entière, comme ils l'eussent fait sans doute en pareil cas pour un des leurs, ils la reléguèrent dans la cour du palais de leur recteur. Ils lui donnèrent l'apparence d'une statue de bronze, et plus tard on a reconnu qu'elle n'avait que la couleur de ce métal. La vanité aristocratique ne permettait pas de faire plus pour un enfant de la plèbe.

A Raguse, les patriciens vivaient cependant plus près du peuple qu'à Rome et à Venise. Comme lui, ils ne s'enrichissaient que par des spéculations commerciales; comme lui, ils étaient retranchés dans les limites de leur étroite république, dans les remparts de leur ville. Ils n'avaient point de grandes possessions au dehors; ils n'allaient point étaler un luxe fastueux dans les capitales de l'Europe, en abandonnant, comme les lords d'Irlande, leurs domaines à de rapaces *middlemen*. Leurs habitations s'élevaient à côté de celles du peuple. Le peuple assistait perpétuellement à tous les actes de leur vie, et, par ce voisinage immédiat, il s'établissait nécessairement, entre eux et lui, des rapports journaliers, bienveillants d'un côté et respectueux de l'autre. De plus, dans les emplois officiels dont l'aristocratie ragusaine gardait le monopole, il en était un certain nombre qu'elle accordait au peuple. Par là même elle se créait des clients ; les uns se liaient à elle par un sentiment de reconnaissance ; d'autres par un espoir. Si dédaigneuse enfin que fût la noblesse de Raguse envers ceux qui n'avaient point l'honneur d'être inscrits sur son *Libro d'Oro*, il faut bien croire qu'elle ne maltraitait pas trop la caste soumise à sa suprématie, car elle n'a eu, pendant sa longue domination, aucune révolte populaire à combattre. Elle n'a eu ni son Jaffier, ni son Spartacus, ni son Mont-Aventin.

Le gouvernement se composait de trois principaux ressorts, dont le recteur dirigeait, ou tout au moins sanctionnait les mouvements.

En premier lieu apparaît, dans cette oligarchique organisation, le grand conseil ; tous les nobles y entraient de droit dès qu'ils avaient atteint l'âge de dix-huit ans. Il élisait le recteur, nommait les magistrats de la cité et des différents districts de la république, ratifiait les lois proposées par le sénat, et de quelques-uns de ses membres formait un tribunal suprême dans les causes capitales.

La sentence à mort d'un coupable se formulait en ces termes laconiques : Qu'on prenne sa mesure! Alors l'exécuteur s'approchait de lui, notait la hauteur de sa taille, puis il était enfermé dans un sac, comme une infidèle musulmane, et jeté à la mer du haut des rocs de Lacroma. Mais quelquefois les juges, pour émouvoir l'accusé par l'effroi, pour lui inspirer par cette émotion un salutaire repentir, ou pour le déterminer à un aveu, prononçaient ces mots : *Usque ad ostensionem funis.* Alors on prenait sa mesure, comme pour le lier dans le sac fatal, mais le supplice dont il se croyait menacé ne s'achevait pas.

A côté de ce conseil, assemblée élective, séminaire administratif et jury de la noblesse, s'élevait la réunion des Pregati, le sénat.

Celui-ci, composé seulement de quarante-cinq membres, devait être consulté dans toutes les affaires importantes de l'État, régler les impôts, nommer les ambassadeurs, décider la paix ou la guerre, proclamer les lois, et enfin trancher tout ce qui tenait aux questions politiques ou financières.

Puis venait enfin le petit conseil, composé de sept membres, qui, de concert avec le recteur, était chargé de mettre à exécution les résolutions du grand conseil et du sénat, de diriger les fonctionnaires de la république et de correspondre avec les puissances étrangères. C'était à lui que les Ragusains devaient adresser leurs pétitions; c'était lui qui recevait les ambassadeurs accrédités près de la république et les voyageurs de distinction; c'était, en un mot, le pouvoir exécutif, le ministère de Raguse.

Le chef de la république, qui porta d'abord le titre de prince, puis celui de comte, et enfin celui de recteur, était élu, comme nous l'avons dit, pour un mois. A sa garde étaient remises les clefs de la ville et les archives de la république; à lui était confié, non-seulement le droit, mais le devoir de convoquer, chaque fois qu'il en était besoin, le grand conseil et le sénat.

Quoique son pouvoir fût restreint et la durée de ses fonctions si courte, il n'en était pas moins, pour son règne de quatre semaines, installé dans le palais de Raguse, entouré d'hommages, et l'on ne peut lire, sans un sentiment de respect, la naïve prière traditionnelle que l'on répétait avant de procéder à son élection.

« Seigneur notre Père, Dieu tout-puissant, toi qui as choisi cette république pour te servir, choisis aussi, nous t'en prions, nos régents selon ta volonté et selon nos besoins, choisis-les de telle sorte qu'ils te craignent, qu'ils observent tes saints préceptes, et nous aiment et nous dirigent avec une bonne affection. Amen. [1] »

---

1. « Domine Pater omnipotens qui elegisti hanc rempubli-
« cam ad serviendum tibi, quæsumus, gubernatores nostros
« secundum voluntatem tuam, et necessitatem nostram, et
« te timeant et tua sancta præcepta custodiant, et nos vera
« caritate diligant et dirigant. Amen. »

Avec ce gouvernement, la petite république prospéra et grandit. Des régions qui l'avoisinaient elle étendit son commerce en Espagne, en Hollande, en Angleterre [1].

Elle grandissait, l'honnête république, et la paix étant faite entre les diverses puissances qui avaient si longtemps essayé de l'entraîner dans leurs conflits, elle voyait s'ouvrir une ère de calme et d'utiles travaux, quand soudain éclata une catastrophe où elle faillit tout entière périr.

C'était le 6 avril 1667. Le matin le ciel était parfaitement pur, l'atmosphère paisible. Bientôt on commença à ressentir quelques légères secousses, et l'on savait que la ville avait déjà éprouvé un très-fort tremblement de terre en 1580 et un autre en 1639. Les habitants alarmés se réunirent dans les églises. A deux heures éclata la tempête. Les vagues de la mer se soulevèrent avec le sol; les navires amarrés dans le port furent jetés l'un contre

---

1. On voit, dit M. Wilkinson, par une lettre de Cromwell, qu'il accordait de nombreux priviléges aux Ragusains dans chaque port d'Angleterre.

l'autre. A l'exception de la forteresse, du lazaret et de quelques autres édifices d'une solide construction, la ville fut renversée, et cinq mille hommes furent en quelques instants ensevelis sous ses ruines. Les neuf dixièmes des prêtres restèrent écrasés sous la voûte du sanctuaire, et une école d'enfants fut anéantie avec les innocentes créatures qu'elle renfermait. Pour comble de malheur, les foyers renversés allumèrent par un vent violent l'incendie, et d'atroces Morlaques s'élancèrent comme des oiseaux de proie dans la malheureuse cité pour la piller à la faveur du désordre.

Les Ragusains qui avaient eu le bonheur d'échapper à l'écroulement de leur demeure ou aux ravages du feu s'enfuirent à Gravoça, et, quand la terre qu'ils avaient vu vaciller comme dans une folle ivresse eut repris son assiette, et quand ils purent retourner dans les murs de leur cité, ils s'en allaient contemplant d'un œil hagard leur désastre. Moins heureux que les incendiés dont Schiller a, dans son poëme de *la Cloche*, décrit les angoisses et la consolation, ils ne retrouvaient pas au complet les êtres chers à leur cœur[1]. Le deuil était dans toutes les familles, la désolation dans toutes les âmes, le désordre dans toutes les fortunes.

Quelques citoyens proposèrent de quitter cette scène horrible de dévastation et d'aller bâtir une autre ville sur un terrain plus sûr. L'attachement à son sol natal retint la population au milieu de ses vieux remparts. Elle se mit à fouiller dans ses décombres, à déblayer ses rues, à rebâtir ses maisons, mais jamais la pauvre république n'a pu se relever de cet effroyable désastre. Dès cette époque, elle commença à languir, et les événements politiques des premières années de ce siècle achevèrent sa ruine.

Par le traité de Presbourg, l'Autriche cédait la Dalmatie à la France. Mais les Russes poursuivaient leur guerre contre nous. Tandis que les troupes autrichiennes évacuaient les côtes de l'Adriatique, et que les nôtres y arrivaient, les Russes s'emparaient des Bouches de Cattaro, déterminaient les Monténégrins à combattre avec

1.   Ein süsser Trost ist ihm geblieben
    Er zahlt die Haüpter seiner Lieben
    Und sieh' ihm fehlt kein theures Haupt.

eux, et demandaient aux Ragusains l'entrée dans leur citadelle à titre d'alliés.

Depuis huit ans, la république de Venise avait cessé d'exister ; Raguse conservait encore son ancienne indépendance, elle n'aspirait qu'à la garder par sa neutralité au milieu de deux armées ennemies. Mais comment y parvenir ? D'un côté, les Russes touchaient presque à ses portes ; de l'autre s'avançait le général Molitor qui allait leur adresser la même demande que les Russes.

Dans cette fatale alternative, le comte Jean Caboga, descendant de celui dont nous avons rappelé l'histoire, adressa au sénat ces nobles paroles : « Notre pays est menacé de perdre sa liberté et les institutions religieusement défendues par nos ancêtres et maintenues par nous. Notre pays cessera bientôt d'être l'asile d'une libre et indépendante communauté. Il nous reste un nombre suffisant de navires. Partons avec nos familles, nos biens, nos richesses publiques, et gardons nos lois plutôt que d'exposer Raguse à la violence des armes. Le sultan nous a toujours montré de favorables dispositions; demandons-lui une place dans l'archipel ou dans quelque autre partie de ses États. Allons dans une nouvelle Épidaure assurer un refuge à notre culte, à nos coutumes, à nos lois. A un mal extrême, je ne vois qu'un remède extrême. »

Cet énergique discours n'obtint pas l'assentiment de l'assemblée. Déjà elle avait pris sa résolution, sans toutefois en prévoir les conséquences. Quoique les Russes fussent plus près de Raguse que les Français et en plus grand nombre, la France à cette époque était couronnée d'une telle auréole, et entourée d'un tel prestige, que la ville, placée entre un simple régiment commandé par Lauriston et les six mille hommes du tzar débarqués à Cattaro, soutenus par des milliers de Monténégrins, ouvrit ses portes à Lauriston. Par cette décision, elle abdiquait son principe de neutralité, par cette décision, elle attirait sur elle une implacable vengeance. Les navires de la république furent capturés partout où les ennemis de la France pouvaient les saisir, en pleine mer ou dans les ports. Les Russes et les Monténégrins se précipitèrent sur ses domaines, et, ne pouvant franchir ses remparts, ravagèrent ses campagnes.

Si courageux qu'il fût, le général Lauriston ne pouvait, avec sa petite garnison de douze cents hommes, résister à une telle invasion. Un secours lui fut envoyé par le général Molitor, et les Russes se retirèrent à quelque distance, mais ils n'abandonnèrent les parages de la Dalmatie qu'en 1807, après le traité de Tilsitt.

En 1808, le même arrêt napoléonien qui avait frappé la république de Venise tomba sur celle de Raguse. Les douloureuses prévisions de Caboga étaient dépassées. En un court espace de temps, l'honnête et vertueuse cité était dépouillée des institutions qui faisaient son orgueil, et qu'elle avait, à travers tant d'orages, maintenues avec tant de fermeté. Dans l'espace de deux ans, elle avait souffert par l'irruption des Russes des pertes énormes, elle avait perdu ses navires, son premier, son unique élément de richesse. Pour ces dévastations, elle ne reçut aucune indemnité, et ses navires ne lui furent point rendus. De sa dignité de ville libre, de la hauteur de ses anciennes traditions, de la fortune qu'elle s'était faite par sa prudence et son industrie, elle tombait à l'état d'un petit chef-lieu d'administration, faible, pauvre, sans ressort.

Si, dans la fatale circonstance où elle se trouva placée en 1805, elle eût choisi l'appui des Russes, il est très-probable qu'elle aurait également succombé; mais je regrette de penser qu'elle a succombé sous notre étendard, et que ses libertés ont été écrasées par un de nos décrets. Partout où je vais, partout où m'apparaît un vestige de la France, je voudrais que ce vestige n'éveillât en moi qu'un souvenir de bonheur et de générosité.

J'ai éprouvé une triste impression en parcourant, avec un de mes amis de la Dalmatie, les rues de cette belle ville de Raguse, car elle est belle encore dans son affaissement, cette fille de l'antique Épidaure, belle comme la Niobé des Grecs dans son expression de douleur, belle comme la Gunhild scandinave dans ses profonds regrets, belle comme toute majesté humaine noblement découronnée. Dans l'enceinte de ses montagnes, ses remparts l'enclavent encore comme pour la défendre contre l'ambition des Turcs et des Vénitiens. Au pied de sa forteresse, sa mer azurée lui sourit encore comme pour appeler ses navires que bénissait son saint patron. Près de sa large baie de Gravoça s'épanouit, sous ses rameaux d'arbres et ses guirlandes de fleurs, sa fraîche vallée d'Ombla, et dans l'intérieur de ses murs se déroule, jusqu'à l'ancien palais princier, son vaste Corso avec ses droites lignes de maisons uniformément bâties dans un style austère.

Mais ces remparts de Raguse ne protégeront plus ses libertés anéanties; ces rades où la république amassait jadis trois cents navires, sont à présent silencieuses et désertes. Cette vallée d'Ombla ne voit plus venir, sous ses verts feuillages, les riches patriciens qui se plaisaient à bâtir là de riantes demeures, le Corso n'est plus habité que par des familles appauvries, et ce palais où siégeait dans son éclat mensuel le chef de la république, est occupé aujourd'hui par un fonctionnaire autrichien.

Par son énergie et sa patience, Raguse, ville libre, pouvait encore se relever du désastre de 1667; elle ne peut se relever des calamités de la guerre de 1806. Dans cette guerre, sa flotte a été anéantie, et d'autres villes se sont emparées des voies commerciales où jadis elle trouvait peu de rivales. A présent, elle est tout simplement le chef-lieu administratif d'un petit district de cinquante mille habitants, la résidence d'un général de brigade, le siége d'un évêché et d'un tribunal de première instance. Comme une douairière retirée dans son deuil, elle porte en son âme l'honneur de son passé et détourne les regards de l'avenir.

En mémoire de ses anciennes écoles et de ses anciennes illustrations littéraires, le gouvernement autrichien devrait au moins lui donner une université. S'il se décide à doter d'une de ces institutions scientifiques la Dalmatie, qui en a grand besoin, c'est à Raguse qu'elle doit être fondée.

III

LES BOUCHES DE CATTARO

III.

LES BOUCHES DE CATTARO.

Nul étranger, je crois, n'entrera pour la première fois en Dalmatie sans être péniblement affecté de l'aspect de ses montagnes décharnées, de ses plages arides, de ses scogli, où, de distance en distance, apparaissent quelques vignes, quelques pâles oliviers semés dans le désert comme ceux dont parle la Bible[1]. Çà et là seulement le regard pénètre dans quelque étroite vallée verdoyante entre deux remparts de rocs. A Zara est le premier point de vue vraiment attrayant qu'on aperçoive en venant de Trieste; à Spalato, la première belle campagne. Après tout,

1. « Dabo in solitudinem cedrum et spineum et myrtum « et ligneum olivæ. »

il y a là sur un espace de trois cents milles italiens, moins de *poetical scenery*, comme disent les Anglais, moins d'effets pittoresques qu'on n'en trouverait sur un espace de quelques lieues, au bord d'une de nos rivières de Franche-Comté ou du Dauphiné.

Mais au delà de Raguse, au delà du cap désigné par le nom de *Punta del ostro*, on arrive aux Bouches de Cattaro. A cette limite de la Dalmatie, se déroule tout à coup un tableau si imposant que, pour le connaître, ce n'est pas trop d'entreprendre un long trajet, dût-on ne rien voir d'autre en route, dût-on faire comme le bon écrivain danois Rahbeck, qui, ayant entrepris un voyage en Allemagne dans le but d'étudier les théâtres, se tenait d'une ville à l'autre blotti au fond de sa voiture, et ne voulait rien regarder, de peur de se laisser troubler par un importun paysage dans ses méditations esthétiques.

Ce qu'on appelle les Bouches de Cattaro n'est point, comme on pourrait se le figurer par cette désignation, l'embouchure d'un fleuve; c'est une trouée de la mer dans l'intérieur des terres, c'est un de ces *fiords*, beauté maritime de la belle

Norvége. En d'autres termes, c'est un canal qui, par plusieurs circuits, contourne la cime des montagnes, qui, par une de ses pointes, touche à Cattaro, l'*Ultima Thule* de l'Autriche. On compte dans ce canal quatre grandes et neuf petites baies, ou, pour mieux dire, le canal entier est une baie, si parfaitement abritée que les marins n'ont à y redouter aucun ouragan, si vaste qu'elle pourrait contenir toutes les flottes de l'Europe, si parfaitement creusée que les navires peuvent s'y avancer jusqu'au bord même de la plage.

J'ai traversé cette baie en un jour d'orage. Elle me rappelait par son étonnant aspect les plus sombres peintures de Byron. Le sirocco, contre lequel nous avions péniblement lutté en pleine mer s'arrêtait en fureur à la pointe de ce défilé, comme un combattant fougueux à la porte de la citadelle qu'il ne peut franchir. Mais le ciel était noir; des masses de nuages noirs flottaient autour de nous, et si nous n'avions su que les hautes crêtes au pied desquelles nous naviguions portaient depuis longtemps le nom de *Tzernagora*, de Montenegro, de montagne Noire, nous n'aurions pu leur donner une plus juste dénomination. A travers les interstices de ces nuées épaisses, parfois nous ne voyions que des pics aigus, des cimes de rocs s'élevant comme les tours et.les murs d'une forteresse du milieu d'un océan de vapeurs. Parfois elles s'étendaient devant nous comme un rideau compacte, nous voilaient l'horizon et dérobaient à nos regards toute issue. Alors il semble qu'on touche à l'une des extrémités du monde, et l'on se demande comme Horace de quel triple airain étaient cuirassés les hommes qui ont osé les premiers, avec leurs navires, pénétrer dans ces ténébreux parages et y construire leurs demeures.

J'ai traversé cette même baie par une rose matinée, et alors je ne pensais plus aux terribles descriptions de Byron, mais à chaque instant, à l'aspect des frais paysages éclairés par la lumière d'un ciel pur, je croyais voir l'image d'une de ces douces et calmes retraites rêvées par la pieuse âme de Ponce de Léon :

> O campo, ô monte, ô rio
> O secreto seguro deleitoso !

En parcourant d'une de ses extrémités à l'autre les Bouches de Cattaro, tantôt il semble qu'on glisse sur les flots d'une paisible rivière, tantôt sur un des lacs de Suisse. Autour de leurs différents bassins s'élèvent des montagnes gigantesques, dont nulle plante ne couronne la tête chauve, mais sur leurs flancs verdoient sans cesse des bois d'oliviers, de figuiers, d'amandiers; à leur base s'épanouissent des jardins fleuris et dans toute la longueur du canal, sur ses deux bords, comme sur ceux du Bosphore, se déroule un collier de riants villages, de jolies maisons entourées de fécondes plantations.

A l'entrée de ce vaste défilé aquatique est la ville de Castelnuovo, bâtie dans la situation la plus pittoresque au penchant d'une colline voilée par une verte forêt, et protégée par une enceinte de murailles qui ont eu à soutenir de nombreuses attaques. Un peu plus loin est un étroit passage que l'on fermait jadis en étendant une lourde chaîne d'une de ses rives à l'autre. Il a conservé de cet ancien usage le nom de *Cattene.* Près de là est le village de Perasto, avec ses maisons blanches rangées le long de la côte, comme des navires le long d'une rade. Au milieu du limpide espace qui s'ouvre en face de ce village apparaissent deux petites îles charmantes. L'une s'appelle l'île Saint-Georges ; l'autre l'île de la Madone du Scapulaire. Sur la première est un couvent grec ; sur l'autre une chapelle catholique, vénérée dans tout le pays. Une tradition rapporte qu'au xv*e* siècle, des marins virent un soir luire sur cette île, alors déserte, une clarté extraordinaire. Les plus hardis, désirant savoir la cause de ce phénomène, mirent leur chaloupe à l'eau et trouvèrent sur une pointe de roc une image de la Vierge qui avait été déposée là par une main inconnue. Ils la prirent et l'emportèrent respectueusement dans l'église de Perasto. Le lendemain, l'image était retournée à son île. Trois fois on alla la rechercher, trois fois elle vola à la même place. A la fin, les religieux habitants de Perasto lui bâtirent, à l'endroit où elle voulait rester, une chapelle. Comme celle de Notre-Dame de la Garde qui, du haut de son sanctuaire, bénit le golfe de Marseille, comme celle de Notre-Dame de Honfleur qui regarde vers le lointain océan, cette chapelle est pleine d'*ex voto*, signes d'une douleur humaine qui cherche un appui dans une sainte protection, témoignages naïfs d'une pieuse foi et d'une pieuse reconnaissance.

Bientôt voici Stolivo avec ses agrestes habitations étagées en amphithéâtre sur la pente d'un coteau et la flèche pyramidale de son église, qui s'élève du milieu des bois comme une prière mystérieuse du sein d'une foule recueillie, puis la bourgade de Perzagno abritée au pied de ses rochers et de *sa Madona della Nativita*, répandue en maisons éparses au bord de la côte, comme un chapelet égréné, puis les trois constructions de même hauteur, de même forme, liées l'une à l'autre par une étroite pensée d'affection, et qu'on appelle les *Tre Sorelle*, en mémoire de trois sœurs qui, dans leur amitié fidèle, se firent cette égale demeure, puis le village de Dobrota, qui est à la Dalmatie ce que Broek est à la Hollande, le plus riche village de la contrée; puis enfin Risano, ancienne colonie romaine, et Mula et Cattaro. Je ne fais qu'indiquer ces principaux centres de population. Mais quels délicieux points de vue, et quelle variété de tableaux, de tout côté, à chaque instant dans ces contours argentés, et ces évasements du canal, dans cette multitude de chapelles qui, du haut de leurs collines, semblent appeler les voyageurs à élever leur âme vers Dieu, dans la perspective de ces villages, les uns s'élevant comme des gradins sur les escarpements des montagnes; d'autres assis humblement dans un étroit vallon; d'autres posés au bord des flots comme des nids de goëlands! Quel contraste entre les cimes dénudées de ces montagnes et l'abondante végétation qui recouvre les flancs de son splendide manteau! Quel contraste sur le même point, sur le même roc si triste à sa sommité, si riant à sa base, et quel plaisir de voir ces édifices de toute sorte, ces bandes de verdure, se refléter dans le cristal de l'eau profonde avec leur éclat de couleur, leur chaude teinte d'un ciel méridional! C'est bien plus grandiose que le Rhin tant vanté, bien plus imposant que l'imposant Danube. C'est dans son ensemble et dans ses détails une de ces scènes admirables qu'on est heureux de contempler, et dont il reste dans l'esprit une profonde impression.

De cette œuvre solennelle de Dieu, les hommes ont fait comme de tant d'autres l'arène de leur ambition, le théâtre de leurs combats. L'histoire de l'humanité est comme ces stalactites illuminées à certaines heures par d'éclatants rayons de soleil, grossies perpétuellement par le froid des hivers, et, du haut de leurs obélisques, versant à travers leurs jours de lumière des larmes continues.

Des larmes de douleur, des larmes de sang ont aussi coulé dans ce golfe jeté à l'écart de la mer, comme un port à l'abri des ouragans, comme une retraite écartée des agitations tumultueuses des cités, comme un pur miroir qui ne devait réfléchir dans son transparent cristal que l'azur de son ciel et les fleurs de sa plage.

Dans toute son étendue ses habitants ont dû se mettre en garde contre le danger d'une invasion, et ses deux extrémités s'appuient sur deux forteresses : celle de Castelnuovo et celle de Cattaro. J'arriverai bientôt à Cattaro ; je dois commencer par dire ce qu'on voit sur le canal avant de parvenir à cette curieuse petite ville.

Castelnuovo fut fondée à la fin du xiv° siècle

par Tvarko, roi de Servie, et tomba ensuite au pouvoir des Turcs. En 1538, les Vénitiens unis aux Espagnols assiégèrent cette ville, s'en emparèrent et y construisirent un fort qui subsiste encore et porte le nom de Spagnuolo. Il était à peine achevé que ses murs furent escaladés par les musulmans, et les soldats qu'il renfermait passés au fil de l'épée. Cette fois, les enfants de Mahomet, protégés par Allah, gardèrent leurs conquêtes pendant plus d'un siècle. En 1687, les Vénitiens entreprirent de reprendre Castelnuovo. Le pacha de Bosnie s'avança contre eux à la tête de quatre mille hommes. Il fut complétement battu, et la ville se rendit, non toutefois sans s'être vigoureusement défendue. Elle est restée depuis ce temps au pouvoir des Vénitiens jusqu'à la chute de leur république. En 1806, les Russes qui avaient débarqué dans les Bouches de Cattaro, s'emparèrent de cette citadelle et s'obstinèrent à la garder jusqu'au traité de Tilsitt. L'Autriche y fait faire aujourd'hui de nouvelles fortifications. La ville est peu considérable, mais on comprend de quelle importance elle doit être pour le souverain de la

Dalmatie, par sa position à l'entrée du canal et sur les confins des provinces turques.

Si cette cité a été tant de fois assiégée, prise et reprise par différentes puissances, il est aisé de penser que les villages dont elle est un des remparts n'ont pas dû, dans toutes ces luttes, jouir d'une grande quiétude. Maintenant encore, la proximité de l'Albanie, du Montenegro, de l'Herzegovine est pour eux fort peu rassurante. Cependant ils se sont développés, ils se sont enrichis, et ils gardent bravement des sommes considérables près de leurs rapaces et turbulents voisins.

Les habitants de ces villages qu'on désigne sous le nom générique de Bocchesi, présentent au voyageur par leur caractère particulier, par la diversité de leurs mœurs et de leur physionomie, un intéressant sujet d'observation.

Tous Slaves d'origine, ils se divisent d'abord en deux communautés religieuses, communauté catholique et communauté grecque, animées l'une contre l'autre d'un tel sentiment de défiance, qu'il y a des villages grecs où pas une famille catholique ne pourrait s'établir, et des

9

maisons catholiques qui ne voudraient pas garder un domestique grec. La communauté grecque est dans ce district la plus nombreuse, et je le dis sans partialité aucune, elle est par le fait de ses prêtres la plus ignorante. Ses popes ne peuvent rien lui enseigner, car eux-mêmes ne savent rien. Je tiens d'un des principaux fonctionnaires de la province qu'un grand nombre de ces ecclésiastiques grecs qu'on voit passer majestueusement avec une belle robe en soie, une large ceinture, une barbe vénérable et de longs cheveux noirs bouclés, ne savent pas même lire. Ils apprennent seulement à célébrer les cérémonies de l'Église, à réciter par cœur les passages usuels de la liturgie, et d'ordinaire sont remplacés par leurs fils, à qui ils donnent les mêmes leçons. Ils ont pourtant une attitude beaucoup plus digne que les prêtres du même culte que je voyais il y a quelques années en Valachie, et sont aussi plus généreusement rétribués par leurs paroisses.

Tous marins, les Bocchesi suivent encore dans ce même emploi de leur vie différentes directions. Il est tel village qui est resté lié au commerce de Venise, tel autre qui n'a de rapports qu'avec Trieste, tel autre dont les enfants naviguent principalement dans la mer Noire.

A cette diversité de dogmes, de relations, de voyages, se joint une étonnante variété de costumes. Chaque village a le sien, et le garde si fidèlement que sur le marché de Cattaro on peut dire, au simple aspect du vêtement : Cet homme vient de Castelnuovo, cette jeune fille de Dobrota, cette femme de Perasto, comme autrefois, avant l'universel étranglement de notre uniforme habit, on eût pu dire : Voilà un gentilhomme de France, un docteur d'Allemagne, un boyard moscovite.

Ce qui est singulier, c'est le contraste de ces costumes traditionnels dans un rayon de quelques milles. Ici, vous voyez éclater sur toutes les têtes, sur toutes les poitrines, les brillantes couleurs de l'Orient. Allez seulement une ou deux lieues plus loin, et vous ne trouverez plus qu'une éternelle teinte de deuil.

Ainsi, à Risano les hommes portent une sorte de large gilet gris, une veste ornée de galons et de boutons dorés, des bas blancs noués par des jarretières rouges, et sur la tête un fez rouge surmonté d'un gland en or.

A Dobrota, veste, culotte, bas, cravate, bonnet, tout est noir, seulement une légère broderie en or se dessine autour du fez et autour du gilet.

Les femmes, que dans notre méchante injustice nous accusons de tant de mobilité, les femmes des parages de Cattaro ne sont pas moins fidèles à leur costume traditionnel, à celui qui leur est assigné avant et après le mariage, dans les joyeux élans de leur vie de jeune fille, ou dans l'austérité de leur veuvage. Elles ne sont pas moins fidèles à l'ancienne coupe de leurs vêtements, à leur profusion de pandeloques, de colliers et de grosses épingles en or ou en argent, ou en cuivre, selon leur fortune.

La plupart des Bocchesi qu'on rencontre dans leur pays natal, ceux-ci avec une culotte rouge et un gilet brodé comme des fils de l'Orient, ceux-là avec une culotte noire et une barrette noire, comme des bacheliers de Salamanque, ont pourtant erré longtemps sur l'océan, avec leur jaquette et leur twine de marins. Mais de même que ce roi de l'antiquité qui avait commencé par garder les bestiaux, conservait précieusement sa veste de pâtre, les Bocchesi conservent sur leur navire le vêtement de leur village, et dès qu'ils rentrent dans le canal de Cattaro, ils se hâtent de le reprendre, puis leur joie est d'y joindre ce qui en est le complément indispensable, les pistolets, le yatagan et la longue carabine. Ils ont, comme les Turcs, la passion des armes, ils se glorifient d'en avoir des plus chères et des plus belles. Ils en portent constamment à leur ceinture, et ils se font dans l'intérieur de leurs maisons des panoplies de sabres de pachas, d'épées allemandes, de fusils plaqués d'argent et de nacre. Ils s'honorent de montrer ces collections à leurs hôtes, comme ailleurs on montre des meubles de Boule, des vases de Bernard de Palissy ou des galeries de tableaux. Mais cet amour des armes n'est pas pour les Bocchesi une vaniteuse fantaisie. Il leur vient du souvenir des anciennes irruptions des Turcs, et du sentiment des dangers auxquels ils sont encore perpétuellement exposés par la belliqueuse nature de leurs voisins.

L'existence d'un Bocchese qui est parvenu par son habileté à amasser un certain nombre de ducats, est une existence singulière dont il serait difficile de trouver une image en une autre contrée. Je prends pour exemple ce que tout étranger remarquera à Dobrota.

Ce village se déroule comme une tresse sur une longue et étroite bande de terre entre la mer et les rochers de Montenegro. La mer est son élément de richesse, le Montenegro est son péril. Tout jeunes, les Dobrotains se dévouent à la vie maritime, s'embarquent comme matelots, et s'ils ne portent pas dans leur sac, ainsi que nos soldats de l'empire, leur bâton de maréchal, ils peuvent au moins y voir luire dans leur espoir les galons de chef d'équipage et le grade de capitaine, puis la haute position d'armateur. Quiconque a parmi eux gravi heureusement ces divers échelons, veut se reposer de sa carrière au lieu d'où il est parti et rapporter sa couronne de florins à son foyer. Il revient donc à Dobrota, emploie une partie de sa fortune à élargir, à embellir la maison que son père lui a léguée, ou en construit une nouvelle. Là, il dépose avec orgueil tout ce qu'il a recueilli dans ses voyages : objets de luxe, meubles étrangers. Puis il veut avoir son jardin, son enclos, et il paye à un prix énorme une parcelle de terre à peine assez large pour y semer quelques fleurs et y planter quelques oliviers. Il dispose ainsi sa retraite, comme un oiseau prépare son nid, avec un soin minutieux, avec amour et joie. Petite ou grande, n'importe, c'est sa demeure de prédilection, c'est son nid posé sur la terre où s'épanouit son enfance, où ses parents sont morts, où il mourra à son tour. A l'agrément de cet asile se borne son ambition. L'argent qui lui reste, quand son installation est faite, son domaine payé, ses revenus établis dans une modeste mesure, il ne le livrera point aux hasards d'une nouvelle spéculation, il le laissera enfoui dans son coffre, comme si cet argent, ayant ainsi que lui longtemps travaillé, devait ainsi que lui se reposer. La vie solitaire qu'il a passée entre les bastingages de son bâtiment, il la continue dans son nouveau gîte. Il ne songe point, comme un marchand de Paris retiré des affaires, à se poser en châtelain de sa paroisse, à faire briller aux yeux de ses voisins les harnais de ses chevaux, le vernis de ses voitures, ni résonner à leurs oreilles la rumeur de ses banquets; il reste concentré au sein de sa famille et de quelques amis.

Cependant, avec toutes les précautions qu'il a prises pour assurer le calme de sa retraite, elle ne sera point tranquille, car sur les rocs qui la dominent habitent les Monténégrins, pauvres près de ce riche village de Dobrota, souvent privés des objets de première nécessité, près de ces maisons où règne l'abondance, et de plus, Grecs fanatiques près de cette communauté composée tout entière de catholiques.

Par fois une rencontre accidentelle, une rixe dans laquelle le sang aura coulé, suffit pour ameuter cette race d'hommes qui n'aime que la guerre, qui n'aspire qu'au combat. Parfois, au retour d'une expédition contre leurs ennemis les Turcs, ils tomberont sur les domaines autrichiens pour se consoler d'un insuccès, ou pour compléter une razzia. Parfois enfin, une mauvaise récolte les chassera hors de leur repaire comme des loups affamés. Alors les compagnies de soldats que l'Autriche entretient sur cette frontière, fusiliers, artilleurs, gendarmes, doivent être sans cesse sur pied, et les habitants de chaque village s'organisent en deux bandes, qui constamment veillent les armes à la main, l'une pendant le jour, l'autre pendant la nuit.

Dans les temps ordinaires, quand rien ne se meut sur la montagne, quand rien n'annonce une nouvelle collision, le Bocchese, surtout celui de Dobrota, ne doit pas moins se tenir prudemment sur ses gardes. En Syrie, tous les couvents et toutes les maisons de quelque importance, n'ont à l'intérieur qu'une porte basse, solidement construite, et les bords de leur terrasse sont couverts d'un amas d'énormes pierres qu'on ferait rouler sur ceux qui s'en approcheraient avec une intention hostile. Ici, les maisons sont entourées d'un rempart, ou tout au moins percées de meurtrières qui au moment critique se garnissent de fusils.

Ainsi le Bocchese s'est éloigné des orages de la mer, et il est à tout instant exposé à l'orage d'une invasion sanglante. Il a quitté son mobile navire, et sa vie se continue dans une sorte de navire armé.

Par cet usage perpétuel des armes, par le souvenir des périls auxquels ils ont résisté et la perspective de ceux dont ils sont encore menacés, les Bocchesi prennent, à l'égard de leurs femmes, une attitude superbe. A eux l'honneur de combattre pour le foyer, à elles les vulgaires et les rudes travaux.

Tandis que, dans le sentiment de sa virile dignité, le Bocchese reste indolemment assis sous sa treille, la femme doit prendre soin du bétail, cultiver les champs, récolter le foin et battre le blé. S'il se met en route avec elle pour aller vendre au marché une génisse ou un sac de légumes, le fier sultan marchera librement en avant, l'humble femme le suivra, tirant la bête rebelle par le licol, ou ployant la tête sous le fardeau.

L'amour même qui précède le mariage, le tendre et galant amour des fiançailles n'idéalise pas assez la femme pour qu'un instant au moins elle s'élève au niveau de son noble maître. En parcourant les rives du canal, on peut rencontrer plus d'un fiancé s'en allant d'un village à l'autre, assis à son aise sur un bon cheval, sa pipe à la main, puis la jeune fille qu'il épousera bientôt, marchant humblement à pied. Il n'aura pas l'idée, le fier pacha, d'abandonner sa monture à cette faible créature ou de la faire asseoir à côté de lui. Mais de temps à autre il sera assez bon pour lui faire signe de s'approcher et pour lui donner en se penchant vers elle un baiser qu'elle recevra avec reconnaissance.

A Cattaro, on peut voir chaque jour des scènes du même genre. Cattaro est le principal port, le principal entrepôt commercial du canal, le point de réunion des paysans du voisinage. C'est le siége d'un évêché, d'un tribunal de première instance, la résidence d'un officier supérieur et le chef-lieu d'un des quatre départements de la Dalmatie.

Avec toutes ses grandeurs administratives c'est une étrange petite ville. On y compte mille neuf cent cinquante habitants. Elle ne peut guère en contenir davantage. Elle est comme un carrefour acculé au fond de la dernière baie du canal, à l'extrême limite des possessions autrichiennes, au pied des masses de rocs sur lesquels nichent comme des couvées de vautours la turbulente tribu des Monténégrins. Une citadelle la domine, des remparts l'enlacent dans leur immuable ceinture, et de ces remparts elle ne peut sortir sans toucher d'un côté à la mer, de l'autre à une âpre montagne. L'été, par la réverbération des rayons du soleil, le bassin des roches blanches qui l'entourent la brûlent; l'hiver, les nuages qui s'y amassent y versent de tels torrents qu'il est très-naturel de penser avec plusiers étymologistes que son nom de Cattaro vient de cataracte.

Dans ces tristes conditions matérielles, elle a cependant éveillé l'ambition de plusieurs conquérants. Les Romains y avaient déjà fondé une colonie; les Sarrasins y entrèrent au ixe siècle et la ravagèrent. Après leur départ, la ville fut rebâtie, comme plusieurs autres de la Dalmatie, par des réfugiés de diverses provinces, et se constitua en république sous la protection des rois de Servie.

Les templiers y eurent, au xiiie siècle, une forteresse, comme à Clissa, à Wrana et sur

plusieurs autres points de l'Adriatique. En
s'établissant là, ils semblaient prévoir longtemps à l'avance jusque où irait la puissance
musulmane dans son ardeur de conquêtes. Ils
élevaient une digue de chrétiens belliqueux
contre ce torrent de sabres. Philippe le Bel renversa la digue, et l'on sait jusqu'où le torrent
s'est répandu.

En 1367, à la mort d'Étienne Ourosch, fils de
Douchan, la petite bourgade de Cattaro, n'ayant
plus l'espoir d'être énergiquement défendue par
les Serviens, se confia au patronage de Louis
de Hongrie qui la patrona si peu qu'en 1378 elle
était subjuguée par les Vénitiens. Trois ans après,
l'avide république, qui renonçait si difficilement
à chacune de ses conquêtes, daigna, pour faire
la paix, renoncer à celle-ci et la laissa retomber
sous le vasselage du valeureux prince à qui elle
l'avait enlevée. Bientôt Louis meurt et Cattaro
est asservie par Touarko Ier, roi de Bosnie. En
1419, les Vénitiens la reprirent de nouveau, et
la gardèrent jusqu'à la fin de leur existence
d'État souverain, jusqu'en 1797. Dans cet espace
de plusieurs siècles, la pauvre Cattaro avait eu

à subir de déplorables calamités; elle avait été assiégée en 1538 et en 1657 par les Turcs, elle avait été décimée par la peste en 1572, ébranlée par le tremblement de terre de 1563 et par celui de 1667 qui renversa Raguse.

Au xviᵉ siècle, deux des citoyens de Cattaro, Janko père et Janko fils, se signalèrent parmi ces bravi qui faisaient une guerre acharnée aux Turcs et dont les chants slaves du pays ont popularisé les exploits en les idéalisant. Janko entreprit avec des bandes de Morlaques plusieurs aventureuses expéditions contre les musulmans. Son fils se plaça comme lui à la tête d'une troupe de vaillants montagnards. La république de Venise, pour reconnaître ses services, lui donna le titre de capitaine, lui fit un traitement de vingt ducats par mois, et plus tard le décora d'une médaille en or. Il fut tué dans un de ses nombreux combats contre les Turcs. Plusieurs de ses descendants existent encore en Dalmatie.

Un des chants que les Bocchesi ont consacrés à la mémoire de leurs deux ardents défenseurs, représente le vieux Janko adressant un défi au musulman Alil : « Écoute, Alil, lui dit-il dans une lettre, on vante ton courage à Kladuscha[1]; on vante le mien à Cattaro. Je t'appelle en duel afin qu'on voie qui de nous deux est le meilleur guerrier. Choisis pour ce duel le lieu qui te plaira. Veux-tu que ce soit sous les murs de Kladuscha, afin que ta mère assiste à ta chute ou à ta victoire? veux-tu que ce soit au pied des blanches tours de Cattaro, afin que ma femme soit témoin de notre lutte, ou veux-tu que ce soit dans les champs de Kunnar[2] là où est la limite des domaines des chrétiens et des domaines turcs? »

Alil assemble trois mille hommes, Janko appelle à lui ses braves compagnons. Les deux troupes viennent camper dans les champs de Kunnar. Les deux champions s'avancent l'un contre l'autre, Alil est tué. A la vue de leur chef fendu en deux par le sabre de Janko, les musulmans s'élancent avec fureur sur leurs ennemis pour venger sa mort, et sont tous massacrés.

1. Petite ville de la Croatie.
2. Montagne des environs de Cattaro.

Janko rentre à Cattaro et pendant trois jours célèbre son triomphe avec ses compagnons.

Un autre chant raconte comment Stanjo Jankovitch devint amoureux de la belle Slatia et l'enleva. C'est tout un roman d'une singulière invention, et une scène de mœurs d'un caractère original.

« Depuis que le monde existe, dit un chant des Bocchesi, jamais on ne vit une plus belle fleur que celle qui s'épanouit dans le pays des Turcs, à Udbina. Cette fleur c'est la fille de Sinan Aga, c'est la merveilleuse Slatia dont la renommée est répandue au loin.

« Déjà bien des fois elle a été demandée en mariage, mais elle a rejeté tous ses prétendants, et elle brille comme une étoile solitaire dans la demeure de son père.

« Stanjo ayant entendu si souvent vanter les charmes sans pareils de la fière jeune fille, veut la voir et veut se faire aimer d'elle. Il se revêt de ses plus riches vêtements, prend ses plus belles armes, monte à cheval et s'en va tout droit à Udbina. Il a là une tante à laquelle il va demander quel moyen il pourrait employer pour arriver près de Slatia. Sa tante après avoir essayé de lui montrer les difficultés et les périls d'une telle entreprise, lui conseille de se couvrir de haillons, et de se présenter comme un mendiant dans la forteresse de l'aga.

« Le lendemain en effet, Stanjo ainsi déguisé, parvient jusqu'à l'aga qui est assis devant sa grande table de chêne, il lui baise les pieds et les mains et implore sa pitié.

« Qui es-tu, pauvre malheureux, lui dit le vieillard, et de quelle région viens-tu?

— O puissant aga, répond l'astucieux Stanjo, je m'appelle Mustapha et suis un fidèle croyant de la Bosnie ; j'ai été pris par les giaours, enfermé à Zara, et je n'ai reconquis ma liberté qu'en jurant par le Coran de payer pour ma rançon mille ducats d'or. Je n'en ai encore que neuf cents, et je voudrais amasser le reste.

— Écoute, répond l'aga, mes domestiques m'ont quitté ; veux-tu entrer à mon service, prendre soin de mes étables, et, dans un an, tu auras gagné tes cent ducats. »

Stanjo accepte avec joie cette proposition, mais l'année entière s'écoule sans qu'il puisse apercevoir le visage de Slatia. Il passe encore une seconde année, puis une troisième dans la demeure de l'aga, épiant toutes les occasions de se rapprocher de celle pour laquelle il s'est condamné à un si rude service. Slatia est inabordable, Slatia est invisible.

Enfin l'aga doit s'absenter pendant quinze jours. Il doit aller à Kladuscha assister au mariage de sa nièce. Le patient Stanjo va être récompensé de sa persévérance. Dès que le vieillard est parti, il s'adresse à la servante de Slatia, il la supplie de le laisser pénétrer en secret jusqu'à l'appartement de sa maîtresse, il lui promet cent ducats d'or, si elle veut seulement le laisser jeter un regard sur celle dont les Turcs et les chrétiens vantent partout la beauté.

La servante, touchée par les prières du pauvre amoureux, probablement aussi par l'offre des cent ducats, laisse, en se rendant le soir près de Slatia, les neuf portes de sa retraite ouvertes derrière elle. Stanjo la suit en silence pas à pas, et enfin arrive jusqu'au sanctuaire de son idole. Là il voit la jeune musulmane dans tout l'éclat de ses charmes et toute la splendeur de sa parure. A ses oreilles sont suspendus deux diamants, à son col scintillent trois colliers, à ses flancs, deux ceintures d'or. Elle repose sur un divan moelleux et s'appuie sur quatre coussins.

Stanjo trahit sa présence par son admiration. Slatia en l'apercevant bondit comme une panthère, menace d'appeler les gens de la forteresse et de lui faire couper la tête. Cependant il y a dans les yeux, dans les paroles de Stanjo une telle expression d'humilité et de respect que Slatia s'adoucit. Non-seulement elle lui pardonne, mais en le regardant et en l'écoutant, elle éprouve pour lui une telle confiance qu'elle en vient à lui révéler un secret qu'elle n'a jamais dit à personne. Ce secret que murmurent en tremblant les lèvres de la pudique jeune fille, ô prodige! c'est le triomphe même de Stanjo; c'est le bonheur qu'il n'aurait pas même osé imaginer dans les rêves les plus hardis. La musulmane a vu un jour passer le guerrier de Cattaro, avec ses riches vêtements, ses armes éblouissantes, et rien n'a pu effacer cette image de sa pensée. C'est ce beau giaour qu'elle aime, c'est lui qu'elle désire épouser, c'est pour lui qu'elle a rejeté la demande en mariage de plusieurs beys et de plusieurs agas. Après cet aveu elle invoque le dévouement de celui qu'elle considère encore comme le valet de son père, elle le prie d'aller à Cattaro, de dire à Stanjo combien elle l'aime, et de le ramener. « Je pars, s'écrie le faux Mustapha ivre de joie, je pars et je reviens bientôt. » Il court en toute hâte dans la maison de sa tante, reprend ses vêtements de guerrier, ses armes, rentre dans la forteresse, revient vers Slatia qui le reconnaît et se jette dans ses bras.

« La nuit même il s'enfuit avec elle. Il l'emmène dans sa ville de Cattaro, dans la maison de sa mère. La fille de l'aga turc se convertit au christianisme et devient l'heureuse épouse du brave Stanjo. »

En 1797, Cattaro passa sous la domination de l'Autriche qui avait alors trop de désastres à réparer, trop de choses à faire pour pouvoir s'occuper sérieusement de cette petite peuplade, perdue au fond d'un des golfes de l'Adriatique. En 1805, elle était jetée sans façon dans la balance des plénipotentiaires de France et d'Autriche; elle faisait l'appoint du traité de Presbourg. Mais avant de voir flotter notre drapeau sur ses murs, elle était envahie par les Russes, et elle resta en leur possession jusqu'à la paix de Tilsitt.

Depuis 1814, elle a été de nouveau remise à l'Autriche qui, après l'avoir longtemps négligée, semble maintenant prendre à tâche de la défendre. Elle garnit ses remparts de canons, et elle y envoye à leur grand regret une cohorte d'officiers d'artillerie, du génie et de gendarmerie. Le fait est que pour des hommes qui ont brillé de tout l'éclat de leur jeunesse et de leur uniforme dans les principales garnisons d'Allemagne et d'Italie, la garnison de Cattaro est peu récréative. Ni théâtres, ni bals, ni lieux de réunion, des rues étroites qu'on peut parcourir dans toutes leurs ramifications en une demi-heure, une population slave dont la plupart des fonctionnaires autrichiens ne savent pas même la langue, et près de là, les hordes monténégrines, les peuplades turques de l'Albanie et de l'Herzegovine. C'est une sorte d'exil au bout du monde civilisé.

J'ai eu le plaisir de trouver dans cette ville un aimable officier qui, ayant été plusieurs années attaché en qualité d'adjudant au service d'un prince allemand, avait visité avec lui les capitales et fréquenté les grandes cours de l'Europe. De ses heureuses excursions, il avait rapporté une collection de gravures, de paysages et de portraits dont il tapissait les murs de sa chambre comme pour tromper ses regards et son imagination, pour oublier dans ces vestiges du passé l'ennui du présent. Souvent il parlait avec enthousiasme de la France, des différents voyages qu'il y avait faits, des soirées qu'il avait eu l'honneur de passer aux Tuileries, dans ce cercle à la fois si attrayant et si imposant, où autour du souverain qu'on appelait le plus sage roi de l'Europe, autour d'une sainte reine rayonnaient, dans un harmonieux ensemble, les qualités d'esprit et de cœur, l'honneur militaire, la grâce de la plus charmante famille de France. A la fin de son récit, mon officier s'écriait : Paris, Paris! du ton dont Ovide, dans son bannissement, devait, j'imagine, s'écrier : Ah! les joies! ah! le génie! ah! les splendeurs de Rome!

Cette ville qui possède plus d'une trentaine de navires et dont le mouvement d'affaires est assez considérable, n'a pas une auberge. Les marins qui y viennent vivent à bord de leur bâtiment ; les négociants sont reçus chez leurs correspondants. L'étranger qui n'a là ni parents, ni amis, ne sait où trouver un gîte. Par bonheur, j'avais une lettre de recommandation pour le *capitano del Circolo*, et, en quittant mon bateau, j'allai chez lui avec ma lettre comme un soldat dans une de ses étapes avec son billet de logement. « Non, me dit en riant M. Doimi, nous n'avons ici ni hôtel, ni auberge, j'espère cependant vous procurer une chambre ; mais mon pouvoir ne va pas plus loin, et vous serez condamné à venir chaque jour dîner chez moi. » Il envoya aussitôt chercher une bonne vieille femme qui par déférence pour M. le capitaine et un peu aussi, je pense, par la perspective des florins que je devais lui payer, voulut bien me céder la plus belle moitié de son logis. J'acceptai avec reconnaissance ce que l'aimable administrateur appelait ma condamnation, et je voudrais bien, en voyage, avoir toujours à subir une sentence aussi gracieuse.

Le district dont Cattaro est le chef-lieu, renferme environ trente-six mille âmes dont plus des deux tiers appartiennent à la religion grecque. La population de la ville est en majeure partie catholique; elle se compose presqu'en entier de marchands et de marins; elle reçoit de Trieste la plupart de ses denrées commerciales et les répand dans les environs. Par deux portes la ville s'ouvre sur deux marchés, sur le marché de la Marine, fréquenté par les Bocchesi, et sur le bazar reservé aux Monténégrins.

Tous deux sont curieux à voir; curieuse est la pauvreté des aliments qu'on y débite. A la porte de la Marine, un boulanger étale sous son auvent, des pains noirs, difficiles à mâcher; un marchand de liqueurs pose avec orgueil sur une table quelques flacons d'une affreuse eau-de-vie, et une cuisinière, accroupie par terre, tient entre ses genoux une corbeille d'où s'exhale, avec un tourbillon de fumée, une nauséabonde odeur. Il y a là un amas de pieds de bœuf, bouillis avec leur corne, qu'elle vient de tirer d'une chaudière et dont elle tâche de conserver la chaleur en les couvrant d'un haillon ; mais telle femme qui marchandera longtemps quelques-uns de ces petits pains noirs n'oserait venir au marché sans avoir sur sa tête, à ses oreilles, à son col, une profusion d'ornements en or ou en argent doré, et tel homme qui, après avoir longtemps tourné et retourné entre ses mains un de ces pieds de bœuf, hésite à payer un quarantano (un sol) pour se procurer cette satisfaction gastronomique, porte à sa ceinture des armes qu'il ne vendrait pas pour plusieurs centaines de francs.

Un matin j'entends des coups de fusil résonner à la porte de la Marine ; je vois différentes personnes se diriger de ce côté, et je vais avec elles assister au spectacle qui les attire. C'est une jeune fille qu'une barque amène de Risano, et qui vient se marier à la ville. Devant elle s'avancent, comme deux pandours, deux de ses parents la carabine sur l'épaule, le poignard au flanc ; un autre homme, encore mieux armé, qui remplit les fonctions de garçon d'honneur, marche à côté d'elle tenant à la main un mouchoir blanc dont elle tient l'autre bout. J'imagine que ce mouchoir, par lequel ils se joignent sans se toucher, est le symbole de la chaste alliance que cette cérémonie établit entre eux ; derrière eux vient le mari et le reste de la famille. La fiancée était assez jeune, assez belle, et par sa parure elle était éblouissante comme plusieurs soleils ; ses cheveux disparaissent sous une forêt d'épingles à tête d'or, sous un amas de paillettes et de gerbes de clinquant. A son col elle porte une brassée de chaînes en or, sur sa poitrine d'énormes plaques en métal brillant en forme de cœur ou de losanges ; une douzaine de boutons en or à ses poignets, des broderies en or sur les coutures de son mantelet, et une lourde bande d'or à sa ceinture. Il me semblait revoir une de ces éclatantes parures des filles d'Islande que nous rapportions jadis comme une curiosité au musée de la marine ; ici, de même qu'en Islande, ces ornements sont le domaine inaliénable de la femme, son trésor de famille, son majorat ; ils se transmettent d'une génération à l'autre, et souvent, par une coutume touchante, la jeune fille se marie avec les vêtements de l'aïeule.

Ainsi chargée de ses colliers, de ses pendeloques, de ses galons héréditaires, et peut-être de quelques galons d'emprunt, la fiancée dalmate s'avance d'un pas mesuré en se dandinant comme si elle s'essayait à danser. Le long de son chemin des marchands de sa connaissance l'attendent sur leur porte pour lui offrir un verre de liqueur qu'elle effleure modestement du bout des lèvres, et qu'elle présente ensuite à son garçon d'honneur, qui me semble fort satisfait de cette partie de son emploi.

Après ces haltes bachiques dans lesquelles on échange, de part et d'autre, une foule de compliments, le cortége arrive enfin à l'église grecque. Une quantité de curieux se précipitent avec lui dans la nef, et quelque désir que j'eusse d'assister à ce mariage dalmate, je courais risque d'être arrêté par la foule à la porte de la chapelle. Par bonheur Cattaro a aussi ses sergents de ville, dévoués au pouvoir comme ceux de Paris. L'un d'eux m'ayant vu la veille me promener familièrement avec le commandant de la citadelle, est venu respectueusement m'engager à entrer, et par l'autorité de son uniforme m'a frayé un passage jusqu'auprès de l'iconostase.

Là, j'ai pu suivre de point en point dans tous ses détails symboliques, et vraiment, je dois le dire, assez poétiques, la consécration d'un mariage selon le rite grec. Les deux mariés sont debout devant un autel; le prêtre, après avoir prononcé les prières de la liturgie, leur remet les deux anneaux, et trois fois de suite les fait passer tour à tour du doigt de l'un au doigt de l'autre, sans doute pour montrer que tout ce qu'ils possèdent doit être commun entre eux; puis, comme un autre emblème de cette cordiale et chrétienne communauté, il leur fait à tous deux rompre un morceau du même pain et boire du vin à la même coupe; ensuite il leur met sur la tête une couronne de rubans bleus. Le garçon d'honneur placé derrière eux transporte trois fois cette couronne d'une tête à l'autre, et trois fois les époux marchent ensemble autour de l'autel en signe de la fidélité avec laquelle ils doivent marcher ensemble dans les voies de la vie. Le garçon d'honneur les suit comme un emblème de l'amitié fidèle, et tient une main sur chaque couronne de peur qu'elle ne tombe, ce qui serait un funeste présage.

Les époux se retirent ensuite précédés de leur même escorte armée, et vont s'asseoir à un banquet qui est ici, comme partout, le complément de toutes les noces.

« Qu'est-ce donc que cette magnifique mariée? demandai-je en sortant de l'église à un bourgeois de Cattaro. — C'est, me répondit-il, une simple fille de paysan, et son mari est un simple artisan ; demain elle reprendra sa robe de laine et s'en ira au marché porter des volailles et des sacs de légumes. »

Reine un jour, esclave ensuite, une couronne aujourd'hui sur la tête, des vêtements de soie et de velours comme une princesse d'Orient, des colliers d'or, comme si tu tenais entre tes mains la lampe merveilleuse, et demain le réveil de ce songe d'un instant, demain les soucis de la vie laborieuse, demain le fardeau de la douleur. O fille de Risano, que de destinées humaines dont tu es, sans le savoir, l'éphémère et vivante image!

Dans les nombreuses séries des poésies traditionnelles de ces rives de l'Adriatique, des poésies slaves auxquelles je dois consacrer un chapitre spécial, il en est une qui appartient plus particulièrement au district de Risano et qui forme, par un assemblage de plusieurs chants populaires, une sorte de cycle matrimonial. La jeune fille qui va se marier apparaît là avec un remarquable caractère de naïveté et de grâce; l'esprit rêveur, le cœur agité d'une émotion qu'elle communique à tous les êtres qui l'environnent, aux oiseaux qui volent près d'elle, aux astres qui l'éclairent.

La voici d'abord à sa fenêtre, fraîche et riante comme l'étoile du matin. Elle tient entre ses mains deux rossignols et s'écrie : « Doux oiseaux du bon Dieu, volez à la demeure de Kosto; volez jusque sous son regard, dites-lui : nous venons de voir la jeune Stana; nous avons vu sa haute taille élégante, et sa riche parure, sa parure digne de toi. »

Le message des mélodieux oiseaux ne lui suffit pas, elle coupe une branche d'œillet, elle l'envoie à Kosto, avec une lettre où elle lui dit : « Kosto, mon bonheur, mon bien-aimé, ma mère s'inquiète et s'irrite, non point parce qu'elle a quelque reproche à me faire, mais parce que tu ne viens pas. »

Et Kosto répond : « Stana, mon âme, ma chère amie, prie le ciel pour que bientôt vienne le dimanche. Dimanche, je réunis cent svati (garçons d'honneur) qui n'ont jamais été mariés, cent chevaux qui n'ont jamais été montés, cent sabres neufs, cent bonnets de fourrure neufs. A la tête de ces svati sera mon frère portant mes propres armes et vêtu de mes vêtements pour que tu le reconnaisses plus aisément. »

La tendre Stana n'est cependant point encore complétement rassurée, et cette fois, c'est au soleil même qu'elle s'adresse pour apaiser son impatience : « Beau soleil, dit-elle, beau soleil de printemps, nulle ombre ne t'obscurcit, nul nuage ne t'arrête dans ta marche, ce matin, tu as brillé sur la maison de Kosto. As-tu vu mes beaux-frères et mon beau-père ? Viendront-ils me chercher bientôt ? As-tu vu Kosto mon bien-aimé ? Est-il en bonne santé ? Est-il heureux de penser à moi ? Voit-on déjà les brillants svati se rassembler autour de lui, l'étendard nuptial flotter sur son toit, sa mère se réjouit-elle des noces prochaines et ses sœurs chantent-elles de gaies chansons ?

— O belle Stana, répond le soleil, puisque tu m'interroges je te dirai la vérité : j'ai vu aujourd'hui ton beau-père et tes beaux-frères, ils viendront bientôt te chercher ; j'ai vu tes beaux-frères qui façonnaient des anneaux d'or, tes belles-sœurs qui tressent des guirlandes de fleurs, ton bien-aimé Kosto qui pense à toi avec bonheur. »

Enfin Stana est sous le toit de son époux, mais au sein de sa félicité conjugale elle n'oublie point la maison où elle est née et à laquelle elle doit rester liée par un pieux devoir. Elle s'inquiète de l'isolement de ses vieux parents, elle appelle les faucons qui passent, et leur demande si son père et sa mère pleurent encore son absence et les prie de leur porter ses souvenirs de cœur.

De génération en génération, la petite communauté de Risano a conservé ces chants naïfs qui commencent par un doux songe de fiancée et se termine par une touchante expression de tendresse filiale. Souvent encore les habitants du village chantent ces petits poëmes dans le cours d'une fête nuptiale.

Avec la meilleure volonté du monde je ne pouvais avoir, chaque matin, à la Marine, le spectacle d'une noce, mais chaque matin je voyais apparaître là quelques nouveaux individus qui, par le caractère spécial de leur physionomie ou de leur costume, éveillaient en moi un vif intérêt; matelots du canal à la figure bronzée par les voyages qu'ils ont faits dans la région du Levant, beaux et fiers paysans de Perasto, riches rentiers de Dobrota, et enfin j'ai eu le plaisir de voir un jour apparaître là un groupe de Krivossi[1] avec leur poitrine nue, qui a la couleur du bronze florentin, leur figure taillée à vive arête, leurs yeux farouches comme ceux d'un aigle, et leurs membres d'acier.

Ces hommes appartiennent à une petite peuplade d'origine slave, campée sur les collines à peu de distance de Risano, entre les frontières du Monténégro, celles de l'Herzegovine et la côte de Dalmatie. Ils cultivent la terre et élèvent des

1. C'est leur nom italien, altération de leur nom serbe Krivosanin.

bestiaux, mais ces honnêtes occupations ne les satisfont qu'à demi. La poignée du handjar leur est plus douce à tenir que le manche de la charrue, et une brusque et aventureuse expédition leur plaît beaucoup plus que la continuité d'une tâche régulière. Braves naturellement, et pillards par habitude, ils résistent difficilement à la tentation de sortir des limites de leur territoire, soit pour profiter d'un meilleur pâturage, soit pour enlever, si l'occasion s'en présente, quelques bestiaux. Comme les laboureurs de certaines provinces d'Espagne, quand ils vont travailler dans leur champ, ils ont un fusil caché dans leur sillon, et comme les Bédouins, ils gardent leurs troupeaux avec leurs armes à la ceinture.

Quoique leur tribu ne se compose pas de plus d'un millier d'individus, ils ne craignent pas de s'engager dans des luttes violentes qui se renouvellent d'elles-mêmes par le sang qu'elles ont fait couler, et par les lois implacables de la vendetta. Ils résistent aux Monténégrins, et font une rude guerre aux Turcs de l'Herzegovine. Le gouvernement autrichien, tout en condamnant leur humeur batailleuse et leurs déprédations, les ménage cependant; ils sont pour lui comme un bataillon de tirailleurs sur une frontière difficile, ils le servent contre les Turcs, comme autrefois les Uscoques contre les Vénitiens.

A la tête de cette belliqueuse communauté de pâtres est un prêtre grec qui a, parmi eux, la même autorité que le Vladika parmi les Monténégrins. Il est à la fois leur chef spirituel et leur chef temporel, leur conseil dans les circonstances épineuses, leur général dans les combats.

Ils en avaient un, il y a une quinzaine d'années, pour lequel ils éprouvaient une affection enthousiaste et dont ils ne parlent à présent qu'avec un profond respect. Ce pope, ce prélat, ce prince des villages, des hameaux des Krivossi, prétendait descendre de l'impériale famille des Comnène, et s'appelait Marco Comnenovitch. A voir l'acharnement avec lequel il harcelait, attaquait les Turcs de l'Herzegovine, on eût dit qu'il voulait leur faire expier en détail la prise de Constantinople. Les Turcs résolurent de se délivrer de lui ; mais ils essayèrent en vain de le surprendre, les **Krivossi** le gardaient comme le palladium de leur tribu. N'ayant pu réussir dans leurs premières tentatives, ils se déterminèrent à employer la ruse. Ils commencèrent à témoigner à la petite peuplade un vif désir de vivre avec elle en bonne intelligence; ils lui laissèrent amicalement franchir les limites de leurs pâturages; enfin, ils firent si bien que les **Krivossi**, qui pourtant avaient été déjà plus d'une fois victimes de la supercherie de leurs ennemis, se laissèrent encore tromper. L'échafaudage de la trahison étant ainsi préparé, des gens de **Niksich** vinrent un jour, de la part de leur bey, solliciter l'arbitrage de **Marco** dans une question si litigieuse, disaient-ils, et si compliquée, que la sagesse de l'illustre pope pouvait seule la résoudre. **Marco** était comme le vieux rat de La Fontaine, il redoutait les pièges du chat enfariné, et refusa de se rendre à cette prière. Les **Turcs** ne perdirent pas courage; quelque temps après ils renouvelaient, en termes plus pressants, leur sollicitation, protestant de leur profond respect pour la personne du pope, et jurant, par le livre de Mahomet, qu'il serait honorablement conduit à Niksich et ramené, sain et sauf, dans sa commune. On sait que les Turcs, si honnêtes d'ailleurs dans leurs transactions habituelles, ne se croient pas obligés d'observer les serments qu'ils ont faits en certains cas à des chiens de chrétiens. Marco le savait, et cependant il finit par céder, il se mit en route pour Niksich.

A peine était-il entré dans la demeure du bey qu'il fut égorgé. Quelques-uns de ses gens subirent le même sort. D'autres, que les soldats du bey n'eurent pas le temps de saisir, enfoncèrent les éperons dans les flancs de leurs chevaux et apportèrent à leur clan le récit de l'affreux événement. Cette nouvelle éclata comme un coup de foudre dans la tribu des Krivossi. Les femmes s'arrachaient les cheveux et se lamentaient sur la perte de leur pasteur. Les hommes exhalaient leur douleur en cris furibonds. Quand l'effervescence de la première impression fut un peu calmée, les anciens de la tribu se mirent à discuter sur ce qu'ils devaient faire pour venger la mort de leur chef. Après de longues et orageuses délibérations, il fut décidé, à la pluralité des voix, qu'on n'accepterait aucune proposition d'accommodement; que la tête de Marco serait évaluée à vingt-quatre têtes de Turcs, et que, tant qu'on ne posséderait pas dans le village ces vingt-quatre têtes, il n'y aurait aucune trêve possible entre la paroisse du malheureux pope et les musulmans de l'Herzegovine.

Dès ce jour, les Krivossi se mirent à l'œuvre, épiant leur proie comme des renards, et, dès qu'ils la trouvaient, se précipitant sur elle comme des panthères altérées de sang. Un jour, deux de leurs jeunes pâtres leur ont apporté la tête d'un des fils du bey, qu'ils avaient, pendant de longues heures, guetté avec patience, puis enfin surpris dans une de ses parties de chasse. Un autre jour, les Krivossi ont atteint quelques notables habitants de la maudite ville de Niksich; mais il leur manque encore plusieurs têtes, et, tant qu'ils n'en posséderont pas leurs deux douzaines, et quelques-unes en sus, comme intérêt du capital, gare au Turc de l'Herzegovine qui se trouvera à portée de leur sabre.

Je voudrais m'arrêter ici, et décrire les principes de la vendetta si profondément enracinée dans l'esprit de ces habitants des montagnes, et même dans celui des Bocchesi ; mais je me réserve d'y revenir plus amplement, quand j'essaierai de décrire les mœurs des Monténégrins.

Ces fiers Monténégrins, c'étaient eux surtout que je désirais voir en partant pour la Dalmatie, et, dès mon arrivée à Cattaro, je courais sur le marché qui leur est ouvert au pied de leurs montagnes, à une centaine de pas des remparts de la ville. Quelle que soit la défiance qu'ils inspirent par leur tempérament belliqueux, il existe entre eux et la population de Cattaro des rapports obligés. Ils ont besoin d'elle et elle a besoin d'eux. Ils viennent acheter ici leur plomb, leur poudre, leurs ustensiles de ménage, leurs objets de luxe. Ils y apportent du poisson d'eau douce, des légumes, de la viande, du combustible. En échange de leurs munitions de guerre, ils lui donnent l'élément vital. Trois fois par semaine, on les voit descendre du haut de leurs montagnes, les uns avec leurs ânes ou leurs chevaux, d'autres portant eux-mêmes leur fardeau sur leurs épaules et sautant de roc en roc d'un pied léger. Je dois dire que dans cette catégorie de Monténégrins faisant l'office de bêtes de somme, il y a fort peu d'hommes et beaucoup de femmes.

Avec l'idée que je m'étais faite des Monténégrins, d'après différents livres, comme on se fait une idée d'un monument antique ou d'un paysage d'après des gravures, j'ai été fort désappointé, la première fois que je me suis mis à les observer sur le carré de terrain où ils viennent étaler leurs denrées. Quelles figures sèches et maigres! et que de haillons! Grand Dieu! un Callot et un Murillo ne suffiraient pas à les peindre, et je n'en avais jamais tant vu dans la populace la plus déguenillée des plus pauvres bazars de l'Orient.

L'erreur est dure à confesser. Mais il faut que je la confesse : les Monténégrins m'étaient apparus, dans les rêves de mon imagination, sous une forme plus séduisante, quelque peu comme de romantiques chevaliers chrétiens en croisade perpétuelle contre les Turcs, quelque peu aussi, je dois le dire, comme des pillards, mais des pillards d'une énergique beauté, que j'habillais d'un costume scénique. Et voilà que dès mon entrée parmi eux, je tombe d'un idéal de vie guerrière à un marché de légumes, de l'Arioste à Vadé, d'une noble image de Van Dick aux grotesques fantaisies de Téniers. La chute était cruelle; cependant, j'espère m'en relever. Pour pouvoir entrer en ville, les Monténégrins sont obligés de déposer au corps de garde de Cattaro leur parure d'hommes, leur signe de distinction, leurs armes, auxquelles ils attachent tant de prix et qui leur donnent tant d'assurance. Une fois qu'ils ont ainsi cédé aux exigences des précautions autrichiennes, ils ressemblent au lion de la fable, qui s'est laissé limer les dents, arracher les griffes, et, avec leur grossier vêtement éraillé par sa longue durée, dépouillé de son prestige, ils ressemblent à des mendiants.

Quant aux femmes, elles sont vêtues de la façon la plus misérable. Voici exactement le costume ou l'absence de costume de la plupart d'entre elles. Pas de bas ni de souliers, surtout par les mauvais temps, car, disent-elles dans leur sage expérience, la plante des pieds se corrobore sur les rudes chemins, tandis que la chaussure s'use sur les cailloux et se détériore à la pluie. Cette chaussure qu'elles ménagent si bien se compose tout simplement de deux grossiers tricots en laine, puis d'une espèce de sandale formée d'une longue bande de cuir qui se relie sur le pied avec des courroies. Les chants populaires de leur race slave représentent souvent les princesses de Serbie peignant leurs cheveux avec un peigne d'or. Si les pauvres Monténégrines connaissent cette tradition, elle doit leur apparaître comme une étrange fiction. Jeunes filles, elles appliquent tant bien que mal sur leurs flocons de cheveux une barrette rouge; mariées, elles les couvrent d'un mouchoir. Sur leur corps, elles ne portent qu'une chemise en toile et une sorte de redingote en laine ouverte sur le devant, et qui ne descend guère plus bas que le genou. Cette redingote, pour lui donner son nom local, cette *gujnthea*, sans crochets ni boutons, est serrée sur les flancs par une énorme ceinture en cuir, large comme un collier de cheval, plaquée d'un amas de grosses cornalines, agrafée sur le dos par une massive agrafe en cuivre. La ceinture de Brynhild, dans le pays des Niebelungen, ne devait être ni plus lourde, ni plus difficile à enlever. Ici, comme dans les sagas du Nord, c'est le signe distinctif de la femme mariée et son principal luxe. La femme pauvre se contente d'avoir cette épaisse lanière garnie d'ornements en laiton; la femme riche la veut couverte de lames d'argent, si ce n'est de vermeil. Il est telle de ces ceintures dont la vue seule ferait frémir une de nos délicates Parisiennes, qui est ici l'objet d'une ardente convoitise, et qui ne coûte pas moins de deux à trois cents francs.

J'en reviens aux autres parties du vêtement, non par agrément, je dois le dire, mais pour tâcher de finir mon esquisse. La chemise en toile n'est jamais lavée, et nuit et jour elle reste sur le corps jusqu'à ce qu'elle tombe en lambeaux. La chemise en laine qui la recouvre échappe, par la même raison d'économie, au blanchissage, qui l'userait trop vite. Qu'on se figure l'impression que doit éprouver l'étranger qui pour la première fois observe ces malheureuses créatures, pâlies, ridées, vieillies de bonne heure par leur rude existence, et de plus, flétries par ces vêtements dont les uns sont déjà troués, effrangés par leurs longues années de service, dont la plupart ont au moins complétement perdu leur couleur primitive.

On dit que les Monténégrins sont fort jaloux de leurs femmes, et qu'on ne pourrait, sans s'exposer à une vengeance mortelle, se hasarder à faire à l'une de ces sauvages beautés une galante déclaration. Vraiment, il faut que la jalousie soit une passion terriblement inhérente au cœur humain, pour qu'elle subsiste dans de telles conditions, ou il faut que ce même cœur humain soit en tous pays affecté d'une singulière faculté d'illusion. Qu'il y ait des orages d'amour qui éclatent comme des coups de tonnerre sur les rocs du Monténégro, c'est ce dont je ne puis douter, en apprenant de quelle énergique façon chaque Monténégrin est, dès sa jeunesse, résolu, comme un des héros de Caldéron, à se faire le médecin de son honneur (*el medico de su honor*). Quant aux étrangers, je me porterais volontiers garant de leur vertu dans ce pays. Il n'est pas besoin de la menace d'un poignard pour écarter là de leur esprit toute idée de *flirtation*.

Mais, s'il est difficile de se faire, parmi les Monténégrines qu'on voit à Cattaro, le rêve d'un roman ou d'une poétique idylle, il est une autre émotion dont on sera tout naturellement saisi à leur aspect, une émotion de pitié. Les pauvres femmes ! A quel état d'humilité et de servitude elles sont astreintes ! L'homme qui leur fait parfois l'honneur d'être jaloux de leurs regards si promptement ternis, de leur jeunesse si vite fanée, l'homme est leur maître impérieux et fier, dédaigneux et cruel. L'homme leur fait porter, comme à ses bêtes de somme, et avec moins de ménagement encore, les plus lourds fardeaux ; et, lorsque, chemin faisant, elles rencontrent un homme de leur connaissance, elles n'oseront point le saluer familièrement : elles iront avec respect s'incliner devant lui comme devant leur seigneur et lui baiser la main. J'en ai vu, de ces femmes, qui descendaient de Tzetinié à Cattaro ; huit heures de marche à pieds nus sur les pointes de rocs pour venir jusqu'ici, huit heures pour s'en retourner, et elles apportaient au bazar, sur leur tête, un fagot de bois à brûler qu'elles vendaient neuf à dix *quarantini* (environ sept sous).

O infortunées filles d'Ève, victimes, par une impie volonté, d'un arrêt que Dieu ne leur avait point imposé! Dieu avait dit à la femme : Tu enfanteras dans les douleurs; et à l'homme : Tu mangeras ton pain à la sueur de ton front. Ici la femme joint aux douleurs de l'enfantement les sueurs du travail de l'homme.

IV

NIEGOUSS. — CÉTINIÉ (TZETINIÉ)

IV.

NIEGOUSS. — CÉTINIÉ (TZETINIÉ).

Partir de Cattaro au commencement de l'hiver n'est pas chose facile. Un Anglais, qui se trouvait il y a quelques années dans cette ville, emporta de son mois de décembre un tel souvenir, que longtemps après, à chaque personne qu'il rencontrait venant de la Dalmatie, il demandait avec son incessante préoccupation : « Pleut-il toujours à Cattaro ? »

Et vraiment la pluie tombe ici comme je ne l'ai vue tomber nulle part, si ce n'est en Égypte. Seulement, en Égypte, c'est une trombe qui s'épuise en une demi-heure, tandis que sur les monts de Cattaro elle se renouvelle sans cesse, et d'une voûte de nuages noirs descend perpétuellement pendant des semaines entières.

Je ne sais pourquoi plusieurs ingénieux commentateurs se sont donné tant de peine pour découvrir l'origine du nom de Monténégro[1]. De tels noms proviennent tout naturellement d'une impression accidentelle. Un navigateur, poussé par un orage sur les rives d'une grande île qui le frappe par son amas de glaces, donne à cette île le nom d'Islande (Iceland, terre de glace). Un Islandais, emporté en une autre saison par un autre orage sur une terre bien plus froide et bien autrement glaciale que l'Islande, y aperçoit quelques traces de verdure et donne à cette terre des Esquimaux le nom de Groënland (terre verte). Des émigrants français, partis des rives du Saint-Laurent et s'en allant dans leur humeur aventureuse à la recherche de nouvelles contrées, s'avancent jusqu'à l'Ohio, et suivant les gracieux contours de cette rivière entre ses bords fertiles, l'appellent « La Belle Rivière. »

Je n'en finirais pas, si je voulais énumérer

---

1. Dialecte vénitien ; le vrai mot italien serait Montenero.

toutes ces désignations inspirées par une soudaine émotion. Je veux dire seulement que quiconque aura vu le front calcaire, la face grise des cimes du Monténégro sous les sombres nuées qui les enveloppent en un jour d'orage, comprendra aisément qu'on leur ait donné le nom de Montagne Noire, comme sur les confins du pays de Bade on a donné, à une large et profonde pyramide de sapins, le nom de *Schwarzwald* (Forêt Noire).

Depuis plusieurs jours, j'attendais un instant d'arrêt dans les chutes d'eau de Cattaro, un rayon de soleil dans ses nuages. Las enfin d'attendre inutilement, je résolus de me mettre en route quel que fût le temps. Un des messagers du prince de Monténégro se trouvait dans la ville. Moyennant quelques zwanziger, il devait me servir de guide. Un paysan de Scagliari me louait un cheval.

A l'heure matinale fixée pour mon départ, il pleuvait plus fort que jamais. La Fiumera s'enflait à vue d'œil et débordait de tous côtés. Le bazar monténégrin ressemblait à un étang, et le commandant de place avait dû retirer les factionnaires qui stationnent sous les guérites aux portes de la ville, de peur qu'ils ne fussent emportés par l'inondation.

Mon guide, Janko, malgré sa vigoureuse nature de Monténégrin, aurait, je crois, autant aimé rester à Cattaro. Mon paysan de Scagliari regardait d'un air piteux son cheval, son garçon de ferme qui devait l'accompagner, et n'aspirait qu'à les ramener tous deux à son logis. Mais comme je ne pouvais compter sur la clémence des éléments, il fallait bien me résigner à leurs rigueurs.

Nous partîmes donc. En moins d'une demi-heure j'étais, de la tête aux pieds, totalement trempé, et un manteau en poil de chameau, que je me réjouissais de posséder en cette circonstance, pesait sur mes épaules comme un bain solidifié. Janko marchait devant moi, son fusil sous le bras, ses pistolets et son poignard à la ceinture, sa pipe à la main, sans autres vêtements que ceux qu'il portait habituellement, c'est-à-dire sa chemise de laine, sa veste, sa culotte en grossier tissu, et ses bas serrés sur ses jambes par une ligne d'agrafes. Une écharpe en poil de chèvre, qu'on appelle *strukka*, lui servait à couvrir ses armes. Il eut la complaisance de prendre mon manteau algérien, ce qui me délivrait d'un lourd fardeau. A côté de lui s'avançait le garçon de ferme, vêtu d'un léger pantalon et d'une simple jaquette.

A tout moment, il tournait la tête en arrière et paraissait à chaque fois dire un mélancolique adieu à son village, puis il donnait un coup de baguette à son cheval, qui, sans avoir le poétique sentiment des coursiers d'Hippolyte,

« Semblait se conformer à sa triste pensée. »

Nous cheminâmes cependant d'un assez bon pas jusqu'à une certaine distance. Nous gravissions la belle route commencée par les Français, terminée par les Autrichiens, sur la montagne qui s'élève derrière la citadelle de Cattaro. Cette route, dont la pente a été habilement ménagée par une quantité de courbures, se prolonge jusqu'à une hauteur d'environ trois mille pieds, jusqu'à la limite du territoire impérial.

Mais à mesure que nous avancions dans la sombre gorge, qui des crêtes de la forteresse s'élève jusqu'aux pointes de rocs rangés comme des bastions autour de la principauté du Montenegro, tout prenait autour de nous un aspect d'un caractère lugubre. A gauche, un précipice profond où roulaient des flots écumeux ; à droite, une cime perpendiculaire sillonnée de distance en distance par de bourbeuses cascades. Derrière nous le golfe de Cattaro couvert d'une masse de brouillards pareille à une cloche de fer, et devant nous un cercle de rochers où je cherchais en vain à entrevoir une issue. Parfois la lueur d'un éclair déchirait comme une flèche enflammée la voûte de nuages amassés sur notre tête. Puis le tonnerre éclatait, et de rocher en rocher, de ravin en ravin se répercutait au loin comme le fracas d'une mine qui éclate ou le gémissement d'une voix lamentable. Et pas un être humain sur la route, et pas un signe d'espoir d'un horizon meilleur.

C'était une de ces scènes imposantes et terribles qui frappent le cœur de l'homme d'une sorte de commotion électrique, qui lui donnent un instant, comme à l'aigle, une sorte de joie sauvage, puis le font fléchir, dans la conscience de sa faiblesse, sous le sentiment de l'écrasante puissance de Dieu.

Au sein de cette sauvage nature, sous le poids de cet ouragan, de temps à autre mon compagnon rustique levait vers moi ses yeux inquiets, comme pour me demander si je persistais à poursuivre mon chemin en de telles conditions, puis voyant que je continuais à frapper de mon talon les flancs de mon cheval, il se remettait docilement en marche. L'innocent garçon! il n'avait pas la moindre idée de faire une description du Montenegro, et pensait sans doute qu'il lui serait si doux de s'accroupir près de l'âtre de la maison de son maître! En ce moment, j'avoue que j'étais cruel, car je voyais la pluie ruisseler sous les plis de son frêle vêtement et sa bonne petite figure contractée par le froid. Mais je voulais garder mon cheval, et je ne pouvais le garder sans que ce garçon le suivît. Pour ma satisfaction physique, je m'entachais d'un vilain acte d'égoïsme; pour une dépense de quelques écus je faisais impitoyablement souffrir un pauvre enfant.

A la vue d'une cascade qui tombait en droite

ligne du haut d'un roc et nous barrait le passage, l'enfant timide s'arrêta cependant, et déclara qu'il ne pouvait aller plus loin. Un zwanziger que je lui mis dans la main raviva son courage. Mais à quelques centaines de pas plus loin, une autre cascade l'arrêta de nouveau. Celle-ci, produite comme la première par les pluies torrentielles de toute une semaine, était si large et si forte et se jetait en bonds si impétueux sur notre route qu'un cheval ne pouvait vraiment la franchir. Je mis pied à terre. Mon jeune Dalmate prit aussitôt par la bride l'animal qui lui était confié, et de peur que je n'essayasse encore de le retenir, se hâta de retourner vers Scagliari.

Mon guide le regarda comme s'il eût eu bonne envie de le suivre, non que ce vaillant Monténégrin redoutât la pluie, je ne lui fais pas cette injure; mais il devait revenir le lendemain à Cattaro chercher les dépêches du prince, et j'imagine qu'il eût trouvé plus commode de les attendre en fumant sa pipe au coin du feu, et de ne partir avec moi que le jour suivant. S'il éprouva ce désir de mollesse, en tout cas il s'en affranchit bien vite. Dès qu'il me vit continuer ma marche, il se précipita en avant et se mit à gravir les flancs de la montagne pour arriver par un détour à une sorte de gué où il nous serait plus facile de traverser la cascade. Les pierres sur lesquelles nous nous appuyions dans cette ascension roulaient sous nos pieds, le terrain recouvert d'une mousse humide était glissant comme une glace, et nous nous cramponnions à de chétifs arbustes qui souvent se détachaient du sol entre nos mains. Dans cette pérégrination, je songeais à la position où se trouverait placée une troupe ennemie qui, en de telles circonstances, essayerait d'envahir les cimes du Montenegro. Quelques hommes postés sur les hauteurs suffiraient pour les culbuter, et que de fois dans le cours de mon trajet j'ai dû faire la même observation !

Après de longs efforts, nous arrivâmes enfin à l'endroit que cherchait Janko, et nous en fûmes quittes pour entrer dans l'eau jusqu'au genou. A peine avions-nous franchi la cascade que nous nous trouvâmes en face d'un torrent, qui du sommet de la montagne roulait au fond du précipice, entraînant dans ses flots orageux des racines d'arbres, des masses de terre qui se broyaient dans son écume. Là, il n'y avait nul détour propice à entreprendre, nul gué à espérer. L'atroce torrent tombait comme un Staubbach sur un roc perpendiculaire et s'aplatissait seulement quelque peu en traversant la route. Cette fois j'eus peur de ne pas pouvoir aller plus loin. Pourtant je voulais essayer, et Janko, qui m'interrogeait du regard, voyant ma résolution, s'avança vers l'eau fougueuse et y faisant rouler une énorme pierre, m'indiqua le seul moyen qui me restait pour la franchir. Je me mis à l'œuvre avec lui, et en quelques instants nous parvînmes à former une espèce de pont sur lequel Janko passa d'abord généreusement pour s'assurer de sa solidité, puis il revint me tendre la main. *Dobrui Gospodin!* (Bon Monsieur!) s'écria-t-il quand je fus sur l'autre bord. Mais c'était lui qui avait été vraiment très-bon et assez courageux.

Périlleux était ce torrent le jour où nous l'avons traversé, mais il n'a qu'une durée éphémère, la durée des averses qui s'épanchent dans ses excavations. A mon retour de Cétinié je l'ai passé presque à pied sec comme un autre Cédron. Cependant son lit menaçant est là comme une barrière entre les possessions de l'Autriche et le territoire monténégrin. A l'un de ses côtés s'arrête la route impériale; à l'autre commence la voie pierreuse qui aboutit à la crête de la montagne. On dit que le dernier Vladika y a fait travailler. Je le crois; mais il me serait difficile d'indiquer le résultat de sa bonne volonté, et j'ai beau chercher, je ne trouve pas un mot dans notre chère langue française pour donner une juste idée de ce que les Monténégrins appellent leur chemin. Ce qu'il y a de sûr, c'est qu'un de nos plus affreux chemins vicinaux, longtemps abandonné par une de nos plus pauvres municipalités, pourrait être à côté de celui-ci considéré comme une route de première classe.

Nous gravissons pas à pas cette « via dolorosa, » nous sautons comme des chèvres de pointe de roc en pointe de roc. Janko, que parfois je devance, me regarde d'un air surpris. Il ignore, le brave Janko, que je suis comme lui un fils des montagnes, des hautes montagnes de Franche-Comté. La montagne est pour celui qui y est né la terre d'Antée. Il y a dans la vivacité de son atmosphère, dans ses escarpements et jusque dans ses aspérités une vertu qui nous ravive, un ressort qui nous rend l'agile mouvement de l'enfance.

« Oh! le charme des montagnes!

« Là, dit un poëte russe, là, le venin de la douleur et des passions s'engourdit; là est le souffle d'une impérissable jeunesse; là, d'une main salutaire l'oubli verse dans le cœur le repos et la joie; l'âme se confond avec la sublime nature, et l'esprit respire l'éternelle liberté. »

Nous arrivons enfin en haut de l'étroit défilé par lequel on pénètre dans le Montenegro. Sur les frontières de ce pays, les Turcs et les Autrichiens ont eu grand soin de bâtir des citadelles. Au bord du golfe de l'Adriatique est celle de Cattaro; au bord du lac de Scutari celle de Zabliak; dans l'Herzegovine, celle de Niksich. Les Monténégrins n'ont point à s'occuper de telles constructions. A part quelques couvents, dont ils ont pris à tâche de bâtir solidement les murs, on ne découvrirait pas dans leur principauté un travail de fortification. La nature a été gratuitement elle-même leur Vauban. La nature leur a fait un cercle de remparts, une enceinte continue qui n'exigent aucuns frais de réparation.

Non-seulement tout le plateau monténégrin est entouré d'éternels bastions, mais d'autres lignes de retranchements le divisent en plusieurs districts, et les vallées qu'elles enlacent dans leur ceinture forme t autant de petites forteresses dans la grande forteresse.

Le plus vaste de ces districts est celui de Katunska. Il embrasse presque la moitié de la principauté. Son nom signifie châlets de pâtre. Et en effet, la plupart des habitations qu'il renferme ressemblent à ces rustiques cabanes qu'on voit dans le Tyrol, perchées sur des hauteurs, et qu'on appelle des *senn*.

Dans cette province est Cétinié, chef-lieu de la principauté et l'important village de Niègeuss [1], fondé par une colonie de Serbes qui

1. J'écris ces noms monténégrins non point exactement

occupaient dans l'Herzegovine la montagne de Niegoss.

Ce village est le plus élevé du pays et le plus fortement défendu par ses défilés, par ses murailles et ses pyramides de rocs. Là fut vraisemblablement le premier noyau de la peuplade monténégrine; là sont venus des Romulus qui pouvaient bien avoir été nourris par des louves; là se sont formés, comme dans les petits cantons suisses, les liens de cette belliqueuse confédération; là fut résolu, en 1703, le massacre des Turcs, vêpres siciliennes de cette contrée; là résidait autrefois le gouverneur militaire du pays; de là enfin est sortie la famille des Petrovitch, évêques et princes du Montenegro.

Ce village auquel se rattachent tant de souvenirs historiques se compose d'une centaine d'habitations adossées en partie aux parois d'une colline, soit que ceux qui les ont construites aient cherché par un penchant naturel l'appui du rocher, soit que par un prudent calcul ils aient voulu ne poser leur demeure que sur le terrain

comme les Serbes les écrivent, mais, autant que possible, comme ils les prononcent.

le plus âpre, afin de ne rien perdre de celle qu'ils peuvent cultiver.

Ces habitations bâties uniformément et à peu près à la même hauteur ont un triste aspect : des murs en pierre brute, un toit de chaume ; entre ces murs, une seule chambre sans lambris ni carreaux, pas de cheminée, à peine une ou deux petites vitres, voilà ce qu'elles sont, au moins pour la plupart. Une seule a son rez-de-chaussée surmonté d'un étage, une façade en pierres de taille, une double rangée de fenêtres. C'est le château princier, c'est la maison patrimoniale des Petrovitch. Au milieu des espèces de huttes qui l'entourent, elle apparaît comme la reine du lieu. Plus d'un de nos simples notaires de canton la trouverait cependant bien mesquine et aurait honte d'y planter son écusson.

Je désirais voir l'intérieur d'une des maisons de Niègouss, et mon guide me fit entrer dans une des plus larges, décorée du nom de *hosteria*. En regardant, il y a quelques années, dans les campagnes de la république argentine, les *Pulperias*, fréquentées par les Gauchos, je croyais avoir vu les cabarets les plus misérables. Je ne connaissais pas encore ceux du Montenegro. Celui-ci est cependant divisé en deux compartiments. Dans l'un est une boutique où sont étalées comme des richesses précieuses quelques livres de sucre, de café, quelques paires de bas et de sandales. Dans l'autre est la taverne. Sur le sol est allumé dans une excavation un feu de broussailles dont la fumée s'amasse en noirs tourbillons, puis s'échappe par la porte entr'ouverte.

Quatre hommes sont assis par terre autour de ce foyer, les pistolets au flanc, la pipe entre les lèvres, et un enfant de six à sept ans, accroupi contre une porte, a déjà son poignard à la ceinture. Le poignard est, pour les petits Monténégrins, comme le *lasso* et les *bolas* pour les petits Gauchos, la première marque de distinction de leur sexe, le premier instrument de leurs jeux, la toupie et le cerceau de ces aimables jeunesses. Quelquefois même, quand on porte ici un enfant à l'église pour le faire baptiser, on place dans ses langes un handjar et un pistolet, afin qu'il aille, avec ce signe du soldat, recevoir son signe de chrétien.

Quand nous franchîmes le seuil de cette demeure, l'enfant attisait le feu avec la lame de son poignard, et les quatre hommes étaient fort occupés d'un travail dont je ne pouvais, au premier abord, distinguer la nature, dans le nuage de fumée amassé autour d'eux. Ni l'un ni l'autre ne se dérangea à notre approche. L'un d'eux seulement, le maître du logis, après avoir échangé, tout en continuant sa besogne, quelques mots avec Janko, cria deux fois : Macha ! (Marie), et je vis arriver, à cette sainte et poétique appellation, une fille qui aurait pu être belle, si elle n'avait pas été si sale. Elle jeta sur nous un coup d'œil furtif, puis disparut en silence, et revint un instant après, apportant une petite table ronde d'un demi-pied de haut, comme une table turque, qu'elle plaça devant mon guide; puis elle y mit un flacon de vin d'une couleur épaisse, un morceau de pain noir, un fromage qui ressemblait à un caillou et qui en avait la dureté, et, sa tâche de servante accomplie, elle se retira discrètement dans l'autre pièce, qui devait être son gynécée.

Pendant que Janko se délectait avec cette collation à laquelle je n'avais nulle envie de prendre part, je regardais cette rustique demeure, où je m'étais installé sur un escabeau, et je me demandais comment son propriétaire justifiait son titre d'hôtelier. Des murailles nues, auxquelles sont appendus quelques fusils, un sol nu, ondulant et humide comme en pleine campagne, et pas une apparence de lit. Le lit est ici un objet de luxe, que la plupart des Monténégrins se façonnent une fois dans leur vie pour le jour de leurs noces. Le lendemain, la paillasse sur aquelle ils ont reposé leur tête est enlevée comme une indigne tentation de mollesse, le trétcau nuptial est converti en un bahut, et les époux couchent par terre, près de leur foyer.

Peu à peu, mes yeux pénétrant dans la ténébreuse fumée qui troublait leur rayon visuel, finirent par discerner le genre de travail qui occupait activement les quatre artisans de la maison. Deux d'entre eux posaient des douzaines de balles dans des cylindres de carton, une très-guerrière occupation, fort peu amicale pour les Turcs, fort indifférente pour moi. Je n'avais pas à m'en inquiéter. Les deux autres, le corps penché sur le brasier, le chibouk entre les lèvres, puisaient avec une parfaite placidité de la poudre dans un sac placé près d'eux, et façonnaient des cartouches. Il faut venir dans le Montenegro pour jouir d'un tel spectacle.

Au moment où je venais de faire cette belle découverte, Janko avait heureusement consommé sa dernière croûte de pain et vidé son flacon. Je me hâtai de demander ce que je devais. La jeune fille ayant fait le compte, mon hôte de Niègouss, un de ces Monténégrins dont plusieurs voyageurs se sont plu à louer le sentiment hospitalier, se récria rudement sur le bas prix auquel était fixé le maigre repas que je voulais solder. Pour apaiser sa honteuse colère, et surtout pour sortir au plus vite de cette incroyable poudrière, je jetai un zwanziger de plus entre les mains de la pauvre créature, étonnée de l'exigence de son père.

Avec la profonde répulsion que j'éprouve pour toute espèce d'affectation, sans la moindre idée du spleen anglais, ni du stoïcisme antique, je déclare, dans la sincérité de mon âme, que je n'attache pas plus d'importance à la vie qu'elle n'en mérite, mais j'avoue qu'en songeant à ce qu'elle peut m'apporter encore de rayons de cœur et de jours de printemps, il m'eût été dur d'exposer ces présents de la grâce de Dieu au jet d'une étincelle dans une traînée de poudre sous le toit d'une affreuse hosteria.

Janko, ragaillardi par le repas qu'il venait de prendre, replaça mon lourd manteau sur ses épaules, sa strukka sur ses armes, lia de plus sur son dos un sac que l'hôtelier le priait de porter à Cétinié, et se mit en route d'un pied léger.

La pluie continuait à tomber, une pluie à laquelle je pouvais donner toutes les épithètes dont Dante gratifie celle d'un cercle infernal :

Eterna, maladetta, fredda e greve.

L'étroite vallée où est située Niègouss était tout entière inondée, et les espaces de terrains cultivés, qui sont tous ici soigneusement entourés d'un mur de plusieurs pieds de hauteur, ressemblaient à des citernes ou à des lacs.

Nous n'avions pas de temps à perdre pour arriver le soir à Cétinié, et, mouillés déjà comme nous l'étions, peu nous importait de passer par les flaques d'eau, si elles abrégeaient notre trajet. Au-dehors de cette espèce de bassin, bordé de tous côtés par d'âpres monticules, nous rentrons dans le chemin escarpé où l'étranger doit faire un exercice perpétuel de gymnastique pour garder son équilibre, tantôt sur une large dalle glissante, tantôt sur une pointe aiguë. Non, ce ne sont pas des chemins, ce sont des espèces de lits de torrents, où des flots impétueux semblent avoir, pendant de longues années, roulé et entassé tout ce qu'ils enlevaient au flanc des montagnes. Les gens du pays racontent que, lorsque Dieu acheva de former le globe terrestre, il s'en allait un jour avec un sac plein de pierres qu'il voulait semer de côté et d'autre. Par malheur, quand il passa par le Montenegro, son sac creva, et le bon Dieu, préoccupé en ce moment de l'accomplissement de son œuvre, comme un mathématicien de la solution d'un problème, ne s'en aperçut pas. Le sac était d'une rare dimension, le trou qui s'y fit était large, et par là tombèrent les amas de pierres qui couvrent la surface de cette contrée.

De tous côtés, nous ne voyons que des masses de rocs, celles-ci ondulant comme des vagues, celles-là taillées à vive arête et rangées comme des murs ; d'autres jetées à l'écart en avant comme des contrescarpes ; d'autres pareilles à des tours crénelées. On dirait que tous ces rocs sont sortis en désordre des entrailles de la terre, dans un profond bouleversement ou dans une éruption volcanique. Ce sont là les points d'appui des Monténégrins. C'est là que les chefs de clans bravent, comme des condors dans leur aire, la vengeance de leurs ennemis. Quelle armée pourrait pénétrer au sein de ce sauvage plateau, par ces sentiers impraticables, à travers ce labyrinthe de remparts et de montagnes, sans y trouver ses Thermopyles ou son Morat ? Pour pouvoir y cheminer, il faudrait d'ailleurs qu'elle y traînât avec elle ses vivres. A la première alerte sérieuse, les Monténégrins peuvent enlever à la hâte leurs grains, leurs bestiaux, se retirer comme des chamois sur des points inaccessibles, et laisser leurs adversaires s'affamer dans un désert sans ressources[1].

1. Her, dit un voyageur anglais, M. Peaton, as the French

Du vallon de Niègouss jusqu'à celui de Cétinié, sur un espace de près de quatre lieues, je n'ai pas découvert une seule habitation. Je n'ai vu de toutes parts que le sol le plus aride. A certains endroits seulement apparaissent quelques massifs de verdure, et çà et là quelques traces de culture. Ici, comme sur le Carst, et à la surface des Scogli de l'Adriatique, partout où un petit espace porte un peu de terre végétale, il est entouré d'un mur. Des femmes viennent quelquefois de fort loin y planter des pommes de terre ou y semer leur maïs, et si la famille qui le possède vient à le vendre, elle le vend à un haut prix.

Au détour d'un sombre défilé, du haut d'un monticule, je vois enfin se dérouler devant moi la plaine de Cétinié. Janko pousse tout à coup un cri perçant. J'ai cru d'abord que c'était une exclamation de joie s'échappant spontanément de ses lèvres à l'aspect de son sol natal ; c'était un appel à sa maison. Un autre cri lui répond. Dans un éloignement de près d'un quart

remarked in Spain, a small army is beaten, a large one dies of hunger.

d'heure de marche, l'honnête Janko avait annoncé son retour à sa femme, et sa femme l'avait entendu. C'est un fait curieux que la force vocale des Monténégrins. Je ne veux point la comparer à celle de l'homérique Stentor, qui avait un volume de voix pareil à celui de cinquante hommes; mais il est certain qu'en se mettant les mains de chaque côté de la bouche, ils lancent leurs paroles à une distance incroyable. Comme ils n'auront pas de longtemps, je suppose, les jouissances du télégraphe électrique, ils peuvent, par la puissance de leur organe, suppléer à cette ingénieuse invention, et, de colline en colline, de montagne en montagne, s'ériger eux-mêmes en télégraphes vivants, et se transmettre, en de graves circonstances, une importante nouvelle.

A l'entrée du vallon, sous le porche d'une église inachevée, devant laquelle le religieux Janko fait pieusement trois signes de croix, comme si elle était déjà consacrée, je vis arriver dans l'ombre une femme vêtue d'une simple chemise de laine, et deux enfants en haillons. La femme s'approcha humblement de son sou-

verain maître, c'est-à-dire de son mari, et lui
baisa les mains ; puis elle s'avança vers moi
pour me rendre le même et respectueux hommage. Les deux enfants, plus hardis, se pendaient de leurs petites mains à la veste de leur
père, qui, fouillant dans les plis de son vêtement, en tira deux pains blancs d'un sou, précieuse friandise qu'il avait achetée pour eux le
matin à Cattaro. Tous deux se mirent alors à
sauter comme de jeunes chevreaux, et la mère
les couvait de l'œil en souriant, et le père me
regardait comme pour me faire partager son
plaisir paternel. C'était, dans l'indigence de ces
pauvres gens, un doux et honnête tableau,
d'une simplicité touchante. Pour en prolonger
quelque peu la durée, j'appelai près de moi les
enfants et leur donnai quelques quarantini. Ils
les prirent en silence, les contemplèrent avec
de grands yeux étonnés, puis coururent les porter à leur mère, qui vint de nouveau me prendre
la main pour me la baiser, tandis que Janko me
remerciait d'une voix émue. Oh ! les riches
pauvres gens ! Qu'il faut peu pour les rendre
heureux ! et quelles sources de joies naïves,

de joies charmantes, que plus d'un capitaliste envierait, la bonté de Dieu leur ouvre au fond de leur âme sous le fardeau de leur misère!

Je me croyais là au terme de mon voyage; mais je n'étais qu'à l'entrée de la vallée, et je devais la traverser tout entière pour arriver à la demeure du prince. Janko congédia sa femme et ses enfants en leur disant qu'il les reverrait le lendemain, et nous nous remîmes à plonger comme des canards dans les flaques d'eau dont le terrain était couvert.

Enfin nous nous arrêtons devant une longue maison, qui, par ses formes, ressemble à un hangard. C'est le palais du Vladika. C'est là que j'ai la prétention de m'installer par la vertu des lettres de recommandation que j'ai apportées d'une chère maison de Paris, et de celle qui m'a été remise par le préfet de Cattaro.

Mon guide me fait entrer dans une cour déserte, me conduit au premier étage dans un sombre et silencieux corridor, puis me laisse là pour pénétrer par une porte qu'il referme discrètement derrière lui. Quelques instants après, il revenait avec un domestique et m'introduisait dans une salle à manger.

Le jeune souverain du Montenegro n'était plus à Cattaro. Il venait de partir pour son expédition de Zabliak, qui a mis en émoi toute la diplomatie russe, turque, autrichienne, et dont les péripéties ont alimenté pendant plusieurs mois la presse européenne.

Avant de s'éloigner, le prince avait fait venir son frère, qui demeure ordinairement à Niégouss, et lui avait confié la gestion de sa maison. C'était à ce maître temporaire du logis que je devais demander l'hospitalité, et il me l'a accordée avec une bonté parfaite.

Au moment où j'arrivais, le jeune seigneur Georges Petrovitch était assis à table, avec le secrétaire de son noble frère, devant une pièce de bœuf qui me semblait un morceau d'un goût exquis, et un plat de choux qui m'apparaissait comme l'idéal de l'invention culinaire. Oh! mon ami Charles, toi qui ne trouves rien d'assez délicat sur la carte aristocratique des Frères-Provençaux, quand tu m'invites à dîner avec toi, pardonne-moi cet égarement gastronomique!

Depuis huit heures du matin j'étais à jeun. Tout le jour j'avais marché comme tu ne marches pas dans une de tes chasses à travers les Vosges. J'avais faim, très-faim, et la faim, tu le sais, assaisonnait mieux qu'une dose de poivre de Cayenne, bien longtemps avant la découverte de l'Amérique, l'affreux brouet républicain de Lacédémone.

Sous le toit paisible du seigneurial palais de Cétinié, à cette riante heure du dîner, sur laquelle le classique Brillat-Savrin a écrit tant de mémorables aphorismes, en face du champêtre banquet qui devait leur donner d'idylliques idées, les deux principaux habitants du château portaient sur leurs flancs une énorme brassée d'armes, et le domestique qui les servait avait également à sa ceinture deux larges pistolets et un effroyable poignard.

J'ai été plus d'une fois, en Russie, très-surpris de voir des officiers obligés par un sévère règlement de garder sans cesse, dans l'intérieur de leur maison, à Saint-Pétersbourg et ans les îles, leur uniforme boutonné jusqu'au menton. Ils pouvaient cependant, si je ne me trompe, déposer leur sabre et leur cartouchière à côté d'eux. Ici on ne dépose rien de ces instruments de guerre. Ici les armes font partie essentielle du vêtement. On peut bien n'avoir qu'une chemise éraillée et un pantalon en loques, mais quelle honte si on ne pouvait étaler sur sa poitrine deux crosses de pistolet et la poignée d'un glaive !

J'ai dû paraître bien singulier en m'avançant dans ce cercle si armé avec ma simple redingote, ma casquette et mon bâton de voyage. Mais si, aux yeux des belliqueux seigneurs de Cétinié, je me montrais avec mon accoutrement pacifique, comme un animal étrange, je dois dire que le frère du prince eut le bon goût de ne me manifester aucune surprise offensante et m'invita à m'asseoir à côté de lui aussi poliment que si j'avais porté sur moi toute une panoplie.

Aux deux mets que j'avais vus sur la table, en entrant, le domestique joignit une salade de pommes de terre et du fromage de brebis. C'était tout le dîner. Le bon roi d'Yvetot n'en pouvait avoir un plus modeste.

Quand nous eûmes fini notre rustique repas, on me conduisit au salon d'hiver, c'est-à-dire à la cuisine. Si, à la fin de ma diluvienne journée, il m'eût été donné de choisir moi-même une agréable place pour passer la soirée, je n'aurais pu en trouver de meilleure. Il y avait là une immense cheminée comme celles des chalets dans les montagnes du Jura. Sous son manteau flamboyaient des troncs d'arbres tout entiers, et de chaque côté de ce joyeux brasier étaient deux fauteuils en bois. L'un me fut courtoisement assigné. Le second était déjà occupé par Janko, qui eut la condescendance de l'abandonner au seigneur Georges. D'autres habitants du logis vinrent successivement se joindre à nous. C'était un cousin des Petrovitch, vêtu comme un simple paysan; un tailleur que le prince avait fait venir de Cattaro pour lui façonner des habits d'apparat; un jeune Dalmate qui donnait à Son Altesse des leçons d'italien, et un charpentier. Si, lorsque le prince est ici, le service de sa maison est soumis à une certaine étiquette, en s'éloignant, il emporte sans doute cette étiquette avec lui, car ce soir-là, à son foyer, je n'en distinguai

pas la moindre trace. Tous les membres de cette
réunion s'étaient installés familièrement l'un à
côté de l'autre. Le cousin de la famille régnante
donnait du tabac au charpentier qui, en revanche, lui prêtait sa pipe. Janko, le sybarite
Janko guettait l'instant où Georges allait chercher la sienne pour prendre aussitôt possession
de son fauteuil, et le domestique, assis commodément au milieu de nous, faisait sans façon
sécher mes bottines. Pendant qu'il accomplissait
cette tâche méritoire, je regardais son énorme
handjar, et je lui demandai à quel prix il vou-
drait le vendre. Il le tira de sa ceinture, le
tourna et le retourna de côté et d'autre, comme
s'il ne pouvait se lasser d'en admirer les incrus-
tations en nacre et en cornalines, puis soudain
me le remettant entre les mains avec un courageux abandon : « Je vous le laisserai, me dit-il,
pour deux cents florins (près de cinq cents
francs). Je le lui rendis en inclinant la tête devant un tel chiffre. Il est probable qu'en ce moment le riche valet conçut une fort triste opinion
de ce voyageur étranger qui ne pouvait pas seulement payer cinq cents francs un modèle de

handjar. Mais je dois dire qu'il ne me laissa rien voir de son impression et se remit humblement à faire sécher mes bottines.

« Si vous êtes encore ici dans quelques jours, me dit le maître d'italien, vous verrez de plus belles armes, car notre prince va, j'espère, dans son expédition en récolter une quantité. »

A ces paroles, tous mes voisins dressèrent l'oreille comme des chiens de chasse aux sons du cor. Georges porta la main à sa lourde ceinture comme pour voir s'il n'avait rien à y ajouter. Le domestique regarda son handjar en se disant peut-être qu'il en aurait un plus éclatant. Le tailleur souriait en silence, peut-être pensait-il aux cafetans qu'on lui rapporterait et dont il pourrait détacher de riches broderies. Le charpentier réfléchissait qu'une fructueuse campagne devait naturellement engager le prince à faire dans sa demeure de nouvelles améliorations. Le cousin qui, vu la pénurie de son costume, me semblait un peu négligé par sa famille, n'avait-il pas aussi à attendre de cette entreprise guerrière quelque vêtement de capitaine turc ? Quand à Janko, Mercure diligent de cet Olympe, il aurait nécessairement, par suite de cette campagne, plus de messages à porter et recevrait de plus fréquentes rétributions.

Ainsi chacun était intéressé dans cette affaire, et chacun y entrevoyait une heureuse perspective.

D'art, de science, de littérature, il ne pouvait être question dans cette assemblée. Ma présence n'éveillait pas même la curiosité. On ne s'inquiétait nullement de savoir d'où je venais, ni quel motif m'amenait dans le Montenegro. Janko avait raconté qu'il m'avait vu braver les cascades, supporter sans me plaindre les averses et gravir assez lestement les sentiers rocailleux. Il n'en fallait pas plus pour me donner dans ce petit cercle une sorte de droit de naturalisation. Et l'expédition de Zabliak occupait toutes les pensées, et cette nouvelle guerre éveillait autour de moi toutes sortes de brillants souvenirs. On racontait avec enthousiasme les derniers engagements qui avaient eu lieu entre les Monténégrins et les Turcs, et comment les Turcs avaient été à chaque fois parfaitement battus, et comment, dans une récente rencontre, un officier supérieur de l'Herzegovine était tombé avec son escorte dans une embuscade et y avait péri.

« Vous verrez, me dit Georges, ce que nous faisons des Turcs quand ils tombent sous nos coups. Le dernier Vladika qui avait rapporté de ses voyages en Europe des idées toutes nouvelles pour nous, ne voulait plus qu'on leur coupât la tête ; mais, comme les Turcs continuaient à décapiter les Monténégrins chaque fois qu'ils en trouvaient l'occasion, nous avons repris le même usage, et demain, sur les murs de la tour qui s'élève près d'ici, vous pourrez compter trente-deux têtes de musulmans.

— Trente-deux ! m'écriai-je, on m'avait dit à Cattaro que vous n'en aviez que dix-sept ?

— La semaine dernière, reprit Georges, tel était en effet le chiffre de notre collection, mais nous avons eu, il y a quelques jours, une petite bataille ; nous y avons gagné quinze têtes, plusieurs sabres superbes, et une veste en soie et un cafetan couvert de magnifiques broderies. »

C'était une étrange chose pour moi que cette énumération de têtes coupées, tranquillement accolée à une appréciation d'habits galonnés comme un compte d'épices à un compte d'étoffes.

Le fait est que les Monténégrins ne sont pas seulement entraînés dans leurs campagnes contre les Turcs par leur animosité chrétienne, par leur haine héréditaire, par les résultats mêmes de leurs mêlées sanglantes qui sans cesse déposent dans leur cœur un nouveau germe de vendetta. Ils sont très-sensibles à l'appât des dépouilles qu'ils peuvent avoir le bonheur de recueillir sur un champ de bataille et savent fort bien les vendre à Cattaro. Pour chaque tête de Turc qu'ils portent à Cétinié, ils reçoivent une prime comme nos paysans de France pour une tête de loup, et les sonores écus par lesquels le prince leur solde un habile coup de fusil ne contribue pas peu à les encourager dans leur chasse aux musulmans.

Toute la soirée se passa dans ces récits d'aventures guerrières. Quelques-unes étaient vraiment une noble manifestation de courage et d'esprit de nationalité ; d'autres ressemblaient à quelque épisode de la rude épopée des Niebelungen, et

Il y en avait un bon nombre que nos jurys auraient bien nettement qualifiées d'actes de brigandage. Toutes étaient cependant racontées avec le même empressement et la même satisfaction de conscience; il ne nous manquait qu'un des chanteurs du pays avec sa guzla pour consacrer par le rhythme et l'image poétique ces histoires de meurtre et de guet-apens. Peut-être que les chanteurs de Cétinié s'étaient joints à l'expédition du prince, comme le valeureux Taillefer accompagnait Guillaume le Conquérant, comme les scaldes scandinaves accompagnaient jadis les Jarls pour combattre près d'eux au premier rang et célébrer leurs combats.

Le lendemain quand je sortis de ma chambre, je trouvai tout le logis en rumeur. On avait reçu dans la nuit une estafette qui annonçait une première victoire du prince. Il venait d'en arriver une autre qui demandait des munitions. Janko quittait la dalle du foyer sur laquelle il avait dormi, partait en toute hâte, et le vice-président du sénat et plusieurs autres fonctionnaires de la capitale partaient pour se rendre près de leur ardent souverain.

Dans l'agitation produite par ces nouvelles, le frère de Daniel, son secrétaire et son maître de langue eurent cependant la bonté de m'aider à visiter la maison et ses environs.

Cette maison, construite par le dernier Vladika, est après le couvent d'Ostrok le plus large édifice du Montenegro. Mais elle est par le défaut de ses proportions d'un aspect désagréable. Un obscur corridor, coupé de distance en distance par une porte massive, la traverse dans toute sa longueur, et, de chaque côté de ce corridor, s'ouvrent des chambres qui ressemblent à des cellules. Tout y est du reste d'une saleté qui ferait honte à une de nos familles de paysans. L'appartement du prince est le seul où l'on remarque quelque peu l'action du plumeau. J'espère qu'un zèle officieux en écarte aussi les hideuses légions d'animalcules qui, si j'en juge par ceux avec qui j'ai fait fort tristement connaissance dans mon lit, doivent occuper une grande place dans cette hospitalière demeure.

Cet appartement se compose de trois pièces: une salle de billard dont le dernier Vladika faisait sa salle de réception et sa salle de conseil ; une bibliothèque et une chambre à coucher.

La bibliothèque renferme environ quatre cents volumes qui indiquent la variété de connaissances du défunt Vladika. Il y a là un très-bon choix d'ouvrages historiques en russe, en allemand, en français, une collection de grammaires et de dictionnaires en différentes langues, plusieurs livres de science, les œuvres de M. de Lamartine et celles de M. Victor Hugo.

La chambre à coucher présente un singulier mélange de luxe et de rusticité. Près d'un lit entouré de rideaux en mousseline brodée sont des chaises d'une forme grossière ; près d'une table élégante, des fauteuils éraillés. Sur les murs sont pendus d'un côté quelques vulgaires lithographies, de l'autre, le portrait du dernier Vladika et celui de son neveu Daniel, dans toute la splendeur de leur costume de prince, veste brodée, riche cafetan, culotte et bas de soie et la croix de Sainte-Anne sur la poitrine. Des armes de différents pays complètent ce bizarre assemblage d'ornements.

A quelques centaines de pas de la maison

princière, au pied d'une colline, est l'église épiscopale avec son couvent. L'origine de cet établissement remonte jusqu'au xv° siècle. Georges Tzernoïcvitch fonda en 1485 le cloître de Cétinié qui fut détruit par les Turcs en 1623. Reconstruit quelque temps après, il fut une seconde fois, en 1714, envahi et saccagé par les perpétuels ennemis des Monténégrins. Il a été rebâti de nouveau, mais à une autre place et très-solidement. Là sont conservés les trésors religieux des Vladikas, les vases sacrés, les vêtements sacerdotaux, dont la plupart sont dus à la munificence de la cour de Russie.

L'église a deux autres trésors chers aux Monténégrins, deux tombes entourées d'un juste respect, celle du dernier Vladika, rouge encore du sang que les femmes et les hommes du pays y ont répandu en se déchirant la figure et la poitrine avec leurs ongles, comme ils ont coutume de le faire en de grandes funérailles, et celle de son prédécesseur Pierre Petrovitch Ier qui pendant le long espace de cinquante-trois ans (de 1777 à 1830) gouverna le Montenegro avec une remarquable sagesse, le défendit avec une intrépide bravoure. Le peuple du Montenegro a gardé un profond souvenir de cet homme d'élite qui fut à la fois son souverain temporel et son chef spirituel, son législateur et son général. Le peuple ne s'est pas contenté d'exalter dans ses chants le nom du Vladika, il l'a élevé jusqu'aux sphères célestes. Il l'a sanctifié.

Pierre I⁰⁰, qui fut pour ce petit pays de montagne ce que fut un autre Pierre I⁰⁰ pour le vaste empire de Russie, avait été d'abord enseveli à Stanjevitch. Sept ans après, un jeune Monténégrin raconta que le vénéré prélat lui était apparu la nuit entouré d'une auréole étincelante ; il n'en fallait pas plus pour frapper l'imagination des religieux montagnards ; on ouvrit le cercueil de Pierre et on y trouva son corps intact. La nouvelle de ce miracle se répandit aussitôt dans toute la contrée, puis fut transmise, avec une pieuse requête, à Saint-Pétersbourg, et le saint synode russe canonisa le Vladika : il est à présent dans son sarcophage paré de ses ornements pontificaux. Les Monténégrins se rendent en pèlerinage près de lui, l'invoquent avec confiance dans leurs prières, et les Turcs mêmes, les Turcs qu'il combattit si vaillamment, croient à sa béatification.

Au-dessus de l'église qui renferme ces deux nobles cercueils, s'élève la tour au haut de laquelle trente-deux pieux portaient bien réellement, le jour où je les regardais, trente-deux têtes de Turcs, horrible trophée de combat près des tombes silencieuses, signe atroce d'une implacable ardeur de vengeance près du temple du Dieu des miséricordes.

Après le sanctuaire, après la demeure du prince, il reste peu de choses intéressantes à chercher à Cétinié. Dans mon voyage en Islande, je croyais avoir vu au bord du golfe de Reikiavik la plus petite capitale du monde, celle-ci est beaucoup plus petite; elle ne se compose pas de plus de vingt habitations, dont deux seulement, celle du vice-président du sénat et celle d'un Allemand, qui en a fait une auberge, méritent le nom de maisons; les autres ne sont que des cabanes. A Reikiavik, il y a des rues, des comptoirs, des magasins, une bibliothèque publique, un médecin payé par l'État, une pharmacie, et en été un mouvement de commerce assez considérable. Ici, il n'y a rien de pareil, rien de plus que cette vingtaine de grossières constructions jetées de côté et d'autre, selon le caprice de leurs propriétaires, sans ordre et sans symétrie.

La plaine où elles s'élèvent est, dans son étendue d'une demi-lieue environ de longueur, peu propre à l'agriculture ; on n'y trouve que quelques champs étroits de maïs ou de pommes de terre, le reste est un pâturage. Sa position centrale, sur le plateau du Montenegro, est sans doute ce qui a déterminé les Vladikas à établir là leur résidence. Peut-être aussi s'honorent-ils d'appliquer leur mâle courage à se tenir là devant leurs irréconciliables adversaires. La plaine de Cétinié, entourée comme celle de Niègouss d'une forte enceinte de rocs et de monticules, s'ouvre par une large brèche sur le lac de Scutari, et ce lac est un champ de bataille perpétuel. Les Monténégrins en possèdent une partie, les Albanais possèdent l'autre. Mais quel géomètre pourrait leur fixer la limite précise de leurs domaines ? c'est par l'épée qu'ils veulent la faire, et, selon les chances de la guerre, sans cesse ils la déplacent. Tantôt, à la suite d'un heureux combat, les Monténégrins s'emparent d'une nouvelle portion des contours de ce lac, dont ils convoitent également les eaux poissonneuses et les rives fertiles; tantôt ils sont repoussés au-delà de leurs premières possessions. Naguère, les Albanais leur enlevaient par surprise la petite île de Vranina, maintenant les Monténégrins vont, par leur brèche de Cétinié, prendre et raser au bord de ce même lac la forteresse de Zabliak. Par cette brèche aussi les Turcs sont entrés plus d'une fois dans le Montenegro. La vallée de Scutari, avec sa population musulmane et son attraction, est l'arène sur laquelle les Monténégrins ont constamment les yeux fixés, et leur capitale de Cétinié est comme un camp posé en face de cette arène.

Je voulais, en venant ici, me rendre à Scutari et rentrer à Cattaro par Budua; l'expédition de Daniel ne me permettait pas de réaliser ce projet. « Nous ne pourrions répondre de vous, me dit affectueusement Georges, si vous essayez de pénétrer dans cette vallée où maintenant il se tire tant de coups de fusil, et je suis sûr que vous ne pourriez entrer à Scutari. » Il me fallut donc renoncer, à mon grand regret, à une excursion qui m'intéressait, et m'en aller par le chemin que j'avais déjà suivi.

Cette fois j'avais deux compagnons de voyage : le tailleur, qui retournait à son atelier de Cattaro, et un vieux Monténégrin qui portait un nom fameux dans les traditions serbes, le nom de Marco.

Comme son glorieux homonyme, mon Marco monténégrin avait eu une vie belliqueuse, une vie d'action et de périls. En 1806, il s'élançait dans les rangs de ceux qui descendirent des cimes du Montenegro pour s'allier aux Russes contre nous. Il était à l'assaut de Raguse, aux combats de Castelnuovo et de Cattaro. Chemin faisant, il me racontait ses batailles avec une vivacité d'émotion qui lui rendait une sorte de verdeur juvénile, et il parlait de nos officiers avec un vrai respect. Le général Gauthier, le maréchal Marmont lui avaient laissé surtout un profond souvenir ; il ne prononçait leur nom qu'en y joignant un éloge de leur bravoure ou de leur noble conduite, un éloge exprimé en termes si nets qu'il ne m'était pas possible de douter de sa sincérité. Plus tard, Marco avait pris part à une quantité de razzias et d'escarmouches dans l'Albanie ou l'Herzegovine ; et ces campagnes ne l'avaient pas enrichi, le pauvre Marco. Le jour où nous cheminâmes ensemble, il s'en allait à Cattaro porter un sac de légumes qu'il espérait vendre une quinzaine de sous, et il considérait comme une fortune les quelques zwanziger que je devais lui donner pour me servir de guide. Si de sa vie guerrière il n'avait retiré aucun capital, en revanche, les fatigues qu'il avait subies, les blessures qu'il avait reçues en différentes rencontres, et le temps même, cet inflexible adversaire du plus ferme soldat, n'avaient porté qu'une faible atteinte à sa robuste constitution. J'appris qu'il était âgé de quatre-vingt-trois ans, et il gravissait les sentiers les plus rocailleux, et il descendait les pentes les plus rapides avec la prestesse d'un jeune homme. Quand nous arrivâmes à la route autrichienne, où l'on se réjouit de poser le pied après avoir sauté de bloc de pierre en bloc de pierre par d'atroces passages, il dédaignait de suivre dans ses détours cette voie impériale, coupait en droite ligne ses molles courbures, et dépassait quelquefois dans sa marche rapide plusieurs jeunes gens.

M. Vialla de Sommières raconte qu'il a connu dans le Montenegro un homme de cent vingt-cinq ans qui ne souffrait point des infirmités de la vieillesse. Si étrange que puisse paraître ce phénomène, j'ai été tenté d'y croire en voyant la vigueur que Marco avait conservée à ses quatre-vingt-trois ans. Le seul allégement qu'il se permit en vertu de son âge, dans le trajet pénible qu'il allait entreprendre, fut de faire porter jusqu'à la cime d'une des collines de Cétinié son fardeau par sa fille. Nous la trouvâmes là, seule, debout sur un roc, son sac à côté d'elle ; ses pieds nus, sa chemise de laine, sa barrette indiquaient un triste état de fortune, mais la nature l'avait parée de ses dons les plus parfaits. Pourquoi donc, quand je me suis approché d'elle avec son père, n'a-t-elle pas suivi la coutume générale des Monténégrines ? Pourquoi n'est-elle pas venue me prendre la main ? Depuis mon entrée dans le pays j'avais, en tant d'occasions, cédé à regret à cet usage ! Dieu soit loué ! me disais-je, cette fois enfin je serai récompensé de ma vertu, j'aurai le plaisir de sentir le contact d'une main attrayante, en arrêtant mes regards sur un visage charmant. La cruelle enfant se joua de mon espoir ; elle remit en silence son fardeau à son père, puis disparut comme une fée au détour du coteau. Ma consolation était d'avoir au moins rencontré une belle image dans le Montenegro.

Je devais du reste retourner à Cattaro dans de tout autres conditions que celles où j'en étais parti. La pluie avait cessé, le ciel s'était rasséréné. Les mares d'eau produites par l'orage s'étaient absorbées dans le sol avec une incroyable rapidité, les torrents mêmes s'étaient écoulés. La route que j'avais si mélancoliquement parcourue seul avec Janko était maintenant sillonnée par une quantité de gens de Cétinié et de Niègouss, qui, n'ayant pu pendant plusieurs jours de tempête se rendre au bazar inondé, se hâtaient de réparer le temps perdu. L'entreprise guerrière de Daniel donnait encore à ce chemin une autre animation. La nouvelle, l'heureuse nouvelle d'une expédition contre les Turcs avait promptement couru de hameau en hameau, de cabane en cabane et mis tous les hommes en émoi. A chaque instant, nous apercevons les Monténégrins, le fusil au bras, le pistolet à la ceinture, qui du haut d'un monticule, parfois à une longue distance, hèlent mon compagnon Marco, lui demandent où l'on se bat et se mettent gaiement en marche dans la direction qu'il leur indique.

Quand le prince du Montenegro se décide à entrer en campagne, il n'a pas besoin de faire de grands préparatifs, ni de convoquer par un décret ses bataillons, et n'a point à chercher dans son budget les moyens d'assurer leur solde. Il suffit qu'on sache sa résolution, pour qu'à l'instant ses belliqueux sujets prennent leurs armes, et, un morceau de pain dans leur veste, un sac de poudre et des balles sur la poitrine, s'empressent de le rejoindre. Leur solde est au bout de leur pistolet ou de leur poignard. Le champ de bataille est leur champ de moisson. L'ennemi qu'ils renversent à leurs pieds est leur proie, sa tête leur trophée, sa dépouille leur bénéfice. S'ils succombent dans cette lutte, ils honorent leur tribu de Spartiates. La famille pleure leur mort et s'enorgueillit de leur courage.

En arrivant à Niègouss, Marco n'était pas moins que mon premier guide désireux de se reposer devant un flacon de vin. Mais il laissa de côté la manufacture de poudre et de balles où Janko m'avait fait entrer, et me conduisit à l'extrémité du village dans une autre *hosteria* appartenant à la fille d'un de ses anciens compagnons d'armes, un vaillant homme, me dit-il, qui s'est distingué dans nos guerres et qui est mort noblement, il y a quelques années, dans un combat de Monténégrins contre les Turcs de l'Herzegovine.

L'aspect extérieur de cette habitation n'était pas séduisant, l'intérieur l'était encore moins. Quatre murs formés de pierres irrégulières par un grossier manœuvre et surmontés d'un toit de chaume, voilà pour le dehors. Au dedans, une seule pièce sans dalles ni planchers, sans fenêtres et sans cheminée, la porte, entr'ouverte comme dans l'autre *kosteria* que j'avais visitée quelques jours auparavant, devant à la fois servir de passage à l'air, à la lumière et à la fumée.

Mais il y avait là comme un tableau de grand maître enfoui dans une misérable demeure. Près du foyer creusé dans le sol était assise une femme jeune encore, qui avait été belle, et dont la primitive beauté, fanée par les sollicitudes de la vie, avait pris une expression intéressante. Avec elle étaient trois enfants, l'un qu'elle tenait sur son sein, l'autre dont elle portait la tête blonde inclinée sur ses genoux, et un troisième plus grand accroupi devant elle en silence. Personne autre. On eût dit une veuve abandonnée avec ses orphelins sous ce toit solitaire.

A notre approche, elle leva sur Marco un regard mélancolique; puis, après avoir échangé avec lui quelques paroles amicales, lui remit son nourrisson entre les bras et s'en alla dans un angle obscur de sa demeure chercher du pain et du vin. En même temps, l'aîné de ses enfants grimpait à une espèce de soupente élevée au-dessus du foyer et en rapportait une épaule de mouton desséchée et fumée. Marco fit avec un crochet une ouverture dans les tisons, déposa au fond de l'âtre cette pièce de viande et la recouvrit avec de la cendre chaude. C'est ainsi qu'elle devait être cuite.

L'hôtesse, après avoir mis devant lui sur une petite table ce qu'il avait demandé, s'assit de nouveau par terre, reprit son enfant et l'allaita avec une grâce pudique. Marco me raconta alors en italien qu'elle n'était pas âgée de plus de trente-deux ans, qu'elle avait mis au monde dix enfants et que déjà elle était grand'mère. Puis, se tournant vers elle, il se mit à lui parler en serbe de la vie et de la mort de son père. A ses affectueuses paroles, la pauvre femme baissa la tête, et je vis ses yeux s'humecter et les larmes couler silencieusement le long de ses joues amaigries. C'était une scène à laquelle nul cœur ne pouvait rester insensible, c'était une touchante chose que de voir cette fille et cette mère émue à la fois de deux tendres affections, d'un profond regret, d'un doux espoir, et serrant avec amour son enfant sur son sein, tandis qu'elle lui versait sur le front les pleurs de son deuil.

Marco se hâta de changer de conversation, puis se mit à fouiller dans l'âtre pour en tirer l'élément essentiel de notre déjeuner. Le mouton grillé par ce procédé patriarcal fut posé sur une planchette et dépecé avec nos doigts. La fumée à laquelle il avait été longtemps exposé, lui donnait un goût sauvage, la cendre dont il était imprégné le salait d'une singulière façon. Après tout, cette espèce de rôti de boucanier ne me parut pas trop mauvais. Marco et le tailleur de Cattaro s'en délectèrent. Les enfants se réjouirent d'en avoir leur part, et deux chiens, qui dès notre arrivée rôdaient autour de nous, en dévorèrent les débris avec avidité.

Quand nous nous levâmes pour partir, je présentai quelque argent à notre hôtesse. Elle hésitait à l'accepter; je pense qu'elle eût voulu donner gratuitement l'hospitalité à l'ancien ami de son père. Sur un signe de Marco elle se décida cependant à prendre la petite rétribution que je lui offrais, et m'en remercia avec un vif accent de reconnaissance.

De son habitation à la route autrichienne, qui m'a paru dans ce pays un idéal de route, nous avions encore environ une heure à glisser sur les dalles, à sauter sur les blocs pointus de ces amas de pierres et de ces défilés que les Monténégrins appellent leur chemin.

Quand je me retrouvai enfin sur un sol aplani, quand, du haut de la montagne où est fixée la limite du territoire impérial, je vis étinceler devant moi l'onde azurée du golfe, flotter à sa surface les voiles blanches des navires, et se dérouler à mes pieds les verts coteaux de Mula, de Dobrota, en reportant ma pensée vers les tristes lieux que je venais de parcourir, il me sembla que je passais tout à coup d'une sorte de région hyperboréenne à une terre printanière, des nuages de la barbarie aux lueurs de la civilisation, d'un rêve pénible à un joyeux réveil.

Dans les ombres pesantes de ce rêve brillaient pourtant comme trois étoiles trois images de femmes : la pauvre et humble compagne de mon premier guide, la charmante enfant de Marco et l'honnête créature sous le toit de laquelle j'avais éprouvé une vive émotion.

Dans les nuées ténébreuses des contrées boréales, l'éternelle puissance de la nature éclate de temps à autre par de merveilleux rayons de soleil. Sur les terrains les plus arides s'épanouissent quelques riantes tiges de fleurs, et au sein des peuplades humaines les plus âpres et les plus farouches, Dieu a mis comme un rayon de sa bonté céleste la grâce, la douceur et la vertu résignée de la femme.

V

HISTOIRE DU MONTENEGRO

V.

HISTOIRE DU MONTENEGRO.

A la même latitude que l'île de Corse, ce Montenegro de la Méditerranée, s'élève le rude et âpre plateau auquel, soit à cause de sa sombre couleur en un temps d'orage, soit en mémoire d'un de ses princes, Ivan le Noir, on a donné le nom de Montagne-Noire. Au-dessus des flots de l'Adriatique, des plaines de l'Albanie et de l'Herzegovine, dans son enceinte de montagnes et de barrières de rocs, il s'élève comme une forteresse, où vingt mille soldats sont toujours prêts à prendre les armes pour défendre leurs foyers, ou ravager les terres de leurs ennemis.

A l'époque où les Turcs se répandaient

comme un torrent dans l'ancien royaume de Serbie, soumettaient à leur joug les provinces du Danube et une partie des rives de l'Adriatique, une peuplade belliqueuse se créait, dans ses remparts de granit, une retraite indépendante. Dans le déluge de la puissance musulmane, une arche chrétienne s'arrêtait sur ce mont Ararat. Dans cette arche, comme jadis dans les **drakars** des audacieux Vikinger, retentit sans cesse une rumeur guerrière ; de ses flancs on a vu sortir, à diverses reprises, une petite troupe d'hommes intrépides qui écrasaient les armées des pachas, répandaient la terreur jusque dans les murs de Scutari, et humiliaient sur son trône le chef des croyants.

Les Monténégrins n'ont point, comme les anciens Scandinaves, gravé en lettres runiques leur histoire sur les pierres de leur sol ; ils ne l'ont point inscrite, comme les Égyptiens et les Grecs, sur leurs monuments, et ils n'ont point eu, comme la France du moyen âge, des communautés de religieux qui, jour par jour, dans le silence de leur cloître, composaient patiemment leurs chroniques.

L'histoire primitive du Montenegro est celle de la Serbie ; son histoire moderne a été relatée dans quelques livres récents, surtout dans ceux des voyageurs étrangers qui ont visité ce pays. Les Monténégrins la font eux-mêmes, à leur foyer, dans leurs récits populaires, la chantent avec la Guzla, la répandent dans la mémoire de leurs enfants par la parole. Étrangers aux leçons de la science, ils remplacent l'étude par l'inspiration spontanée, et le livre par la tradition. Au xixe siècle, ils en sont encore à peu près au même point que les Germains décrits par Tacite. Leurs chants racontent leurs jours de deuil et leurs jours de triomphe ; leurs chants sont leurs annales.

Au temps des Romains, le Montenegro était compris dans le district occupé par les tribus belliqueuses que Pline et Tite Live désignent sous le nom de Labeates ; elles aidèrent Rome dans ses guerres d'Illyrie, et, en récompense de leurs services, eurent l'honneur de garder leur indépendance. Sous le règne de Justinien, elles furent réunies à l'empire d'Orient ; au ixe siècle, elles faisaient partie du royaume de Serbie, de ce vaste royaume qui, en se brisant sous le pied des Turcs en plusieurs fragments, a laissé, comme les perles de son diadème, ses chants d'amour et de combat, ses glorieux souvenirs, sa langue poétique aux bords de la Save et du Danube, au sein des peuplades de la Dalmatie, de la Croatie, de la Slavonie.

Sous le règne d'Étienne Douschan, le *Silni* (le Puissant) 1333-1358, ce royaume s'étendait des rives de l'Adriatique à celles de la mer Noire, et de l'archipel grec au Danube. Douschan, le splendide monarque, l'habile administrateur, le valeureux soldat, aspirait à prendre la couronne d'Orient; une maladie subite l'arrêta dans ses projets aventureux. « Heureux, disaient les Grecs, ceux qui meurent jeunes. » Douschan eut le bonheur de mourir dans la plénitude de ses forces, sans voir monter à l'horizon la tempête qui devait anéantir son édifice gigantesque.

Trente-un ans après, dans la fatale plaine de Kossovo, son noble successeur Lazare, l'un des héros des légendes serbes, succombait sous le glaive des musulmans, et la Porte imposait un tribu à la Serbie. Soixante-neuf ans plus tard, le royaume de Douschan devenait une province turque.

A cette époque, le Montenegro formait la majeure partie d'un État désigné sous le nom de Zeta ou Zenta[1], qui s'étendait des coteaux de l'Herzegovine jusqu'au lac de Scutari; il était gouverné par le prince Georges Balscha, qui avait épousé une fille du roi de Serbie. Son petit-fils Étienne s'associa aux exploits de Scanderberg, cet autre merveilleux héros des guerres chrétiennes, ce Machabée de l'Albanie.

Contre les phalanges de Scanderberg, l'ambition musulmane s'était brisée, comme un fleuve impétueux contre une digue inébranlable. Quand le lion fut mort, les Turcs se précipitèrent comme des chacals sur les pays qu'il avait si vaillamment défendus. L'Albanie, puis l'Herzegovine, furent envahies. Ivan le Noir, fils d'Étienne, invoqua, pour résister à cette irruption, le secours des Vénitiens; n'ayant pu l'obtenir, et se trouvant hors d'état de lutter contre

1. Du nom de la rivière qui descend des montagnes de Bielopavlich et se rejoint à la Moraça.

des forces écrasantes, il incendia sa ville de Zabliak, quitta l'ancienne résidence de ses pères, et se fit un Latium dans les montagnes ; il se retirait là, non point pour s'abandonner a un lâche repos en échappant à un pouvoir odieux, mais pour continuer sa vie militante. De son refuge il fit un camp, et de ses compagnons une cohorte de soldats. A son instigation, et d'un commun accord, ils décidèrent que celui d'entre eux qui abandonnerait son poste de combat serait dépouillé de ses armes, revêtu d'une robe de femme, et, une quenouille à la main, promené dans tout le pays, livré sans défense à la dérision générale. Pour les hommes qui formulaient eux-mêmes cette loi, un tel châtiment était plus redoutable qu'une sentence de mort. Pas une légende ne rapporte qu'il ait été une seule fois mérité.

Au règne d'Ivan, c'est-à-dire vers l'an 1480, commence l'histoire distincte du Montenegro ; jusque-là elle est confondue avec celle des principautés auxquelles ce petits pays était adjoint ; jusque-là son sol n'était, en grande partie, occupé que par des pâtres. De là vient le nom de

Katunska appliqué à l'un de ses principaux districts, et qui signifie, comme nous l'avons dit, cabanes de bergers. Ivan forma le noyau de cette fière tribu, qu'une même ardeur guerrière anime depuis près de quatre siècles, qu'un même sentiment de haine héréditaire pousse sans cesse contre les ennemis de sa foi et de ses aïeux.

Ivan fonda le cloître de Cétinié, et fixa là sa demeure à quelques lieues des ruines de Zabliack, comme pour s'affermir de plus en plus dans ses idées de vengeance par le voisinage de la demeure de ses pères, par l'aspect de ses domaines foulés aux pieds des Turcs. Quoiqu'il ne fût, à vrai dire, qu'un chef de clan, il s'était acquis par son courage une telle considération, qu'il maria une de ses nièces avec un prince de Valachie, une autre avec le descendant d'une des royales familles de Serbie, et son fils Maxime épousa une fille du doge de Venise. Ce dernier mariage est un des épisodes saillants des traditions monténégrines. Il a été raconté longuement dans un chant du pays et dans un chant serbe, qui sont tout à la fois une peinture de mœurs singulière et un curieux exemple de la naïve poésie populaire de cette contrée : j'en citerai quelques-uns des passages les plus caractéristiques.

Ivan le Noir écrit au doge de la grande Venise : « Apprends, ô doge, que près de moi a fleuri le plus brillant œillet, comme près de toi la plus belle rose; veux-tu que nous unissions l'œillet à la rose. »

Ivan ayant reçu une réponse favorable à cette demande, qu'on dirait empruntée à un poëme persan, se met en route pour Venise avec une riche cargaison. Là, il distribue à la cour du doge de magnifiques présents, et il est décidé que le mariage se fera aux vendanges prochaines. « Cher doge, dit-il, bientôt tu me verras revenir à la tête de mille *Svati* (garçons d'honneur), choisis parmi les plus beaux de mon pays; choisis-en mille aussi, et si, entre ces deux mille, mon fils n'est pas le plus beau, ne lui accorde pas ta fille, ne lui fais aucun présent. »

Et il part l'orgueilleux père après cette somptueuse promesse; quand il arrive à sa demeure, sa fidèle épouse est à la fenêtre, attendant son retour avec impatience. De loin elle le voit venir, elle accourt à sa rencontre, baise le bord de son vêtement, prend ses armes, qu'elle baise aussi avec respect, et le conduit dans la maison, où elle lui présente pour se reposer un fauteuil d'argent.

Gaiement se passa l'hiver; gaiement Ivan songeait au temps où devaient se faire les noces de son fils; mais voilà qu'au commencement de l'été une horrible épidémie éclate dans le pays, et Maxime, le superbe Maxime, a la figure sillonnée, ravagée par la petite vérole.

Ivan se rappelle alors avec douleur l'engagement qu'il a pris avec le doge; cependant, comme s'il lui restait encore une chance d'espoir, il assemble les Svati; mais, en les regardant l'un après l'autre, il lui est aisé de reconnaitre qu'au lieu de les éclipser tous par sa beauté, son fils apparaîtra très-laid dans cette réunion. Il les renvoie dans leur demeure, et ne veut plus entendre parler du mariage dont il se réjouissait.

La saison des vendanges se passe, puis une autre, et une autre encore. Tout à coup un message arrive de Venise apportant à Ivan une lettre du doge, et cette lettre dit : « Si tu prends une prairie, il faut que tu la fauches, ou que tu l'abandonnes, afin que son gazon fleuri ne périsse pas sous la neige ; si tu as obtenu l'amour d'une jeune fille, il faut la conduire dans ta maison, ou lui rendre sa liberté pour qu'elle puisse contracter une autre union. »

Alors Ivan se décide à accomplir le projet qu'il avait formé ; il appelle à lui ses frères d'armes d'Antivari et de Dulcino ; il convoque tous les jeunes gens du village, de la montagne et de la côte, les prie de se rendre près de lui avec le plus brillant costume de leurs différentes tribus, afin que les Latins admirent la splendeur des Serbes. « Et si les Latins, dit le *Piesmi* que nous citons, sont habiles à forger les métaux précieux, et s'enorgueillissent de leurs étoffes éclatantes, il leur manque cependant ce qu'il y a de plus imposant, le front élevé et la fière physionomie des Monténégrins. »

Quand tous ces hommes sont réunis, Ivan leur raconte ce qui s'est passé entre le doge et lui, et la peinture qu'il a faite de son fils, et les conditions de mariage qu'il a lui-même proposées.

Ivan avait encore, dans ses perplexités, un étrange projet qu'on s'étonne de voir dans la vie d'un soldat; mais l'homme primitif joint à l'exercice de la vigueur physique l'instinct de la ruse. C'est l'homme dont parle la Bible, l'homme qui possède la force du lion et la prudence du serpent, et je ne connais pas un livre où éclate, à côté d'une bravoure désordonnée, autant de finesse de procédure, autant de ruses que dans la *Nialssaga*, l'une des premières chroniques des Islandais, ces arrière-cousins des Normands, et ces ancêtres des Anglais.

« Voulez-vous, dit Ivan aux Svati rassemblés autour de lui, choisir parmi vous un jeune homme qui puisse représenter la beauté dont mon fils était doué et qu'il a perdue; celui-là tiendra dans la cérémonie nuptiale la place de Maxime; celui-là épousera, en apparence, la fille du doge, et pour prix de cette représentation gardera la moitié des présents de noces. »

Les Svati acceptent cette proposition, et concèdent la délicate mission au jeune voïvode de

Dulcino, à Obrenovo Diouro, un autre Pâris, destiné à combattre pour les dons d'une autre Hélène.

Puis les mille garçons d'honneur s'embarquent comme des Grecs anacréontiques sur des navires parés de guirlandes de fleurs; mais, en tête de leur flottille, ils ont, comme des soldats des siècles modernes, placé deux canons d'un si puissant calibre, qu'à leur détonation les chevaux tombent par terre avec leurs cavaliers.

Les voyageurs arrivent à Venise, et pendant huit jours assistent à des fêtes pompeuses. A la fin de cette semaine de divertissements et de banquets, le doge se présente au milieu des Svati, et leur demande où est Maxime; tous lui montrent Diouro, et le doge lui remet une toque ornée d'un diamant qui brille comme le soleil. La dogaresse lui remet une chemise en fil d'or qui n'a point été tissée, qui a été tout entière façonnée avec les doigts. Au collet est un serpent brodé avec tant d'art qu'on le croirait vivant; il porte à son front une pierre précieuse dont la lueur suffit pour éclairer la chambre nuptiale.

Puis on voit apparaître, dit le chant serbe, le frère du doge, le vénérable Jerdimir. Il s'avance appuyé sur un bâton d'or, sa longue barbe tombe jusqu'à sa ceinture, et des larmes coulent sur cette barbe blanche. Sept fois le vieillard a été marié, aucune de ses femmes ne lui a donné un enfant, et il a adopté la fille du doge. Il s'approche de Diouro et lui met sur les épaules un vêtement dont la doublure seule a coûté trente bourses d'or ; quant au reste, on ne peut en calculer la valeur.

Les Svati repartent pour leur pays, et la jeune mariée ne tarde pas à apprendre que son véritable époux n'est pas le beau Diouro, mais le fils d'Ivan. Elle ne se plaint point de ce changement, elle ne s'effraye point d'être unie à Maxime : « Si son visage, dit-elle est défiguré, ses yeux sont purs et clairs, son esprit droit, son cœur noble. » Mais elle veut qu'il réclame les présents qui ont été faits à Diouro, surtout la chemise en or à laquelle nuit et jour elle a elle-même travaillé pendant trois ans, avec tant d'ardeur qu'elle a failli y perdre la vue.

« Écoute, dit-elle à Maxime, dusses-tu voir

mille dards dirigés contre toi, il faut que tu combattes, il faut que tu reprennes ce trésor. Sinon je lance mon cheval du côté de la mer, je déchire mon visage avec une pointe d'aloès, et avec le sang qui en découle j'écris une lettre à mon père, je la confie à mon faucon, et mes fidèles Latins accourront ici pour me venger. »

Selon les chants serbes, Diouro consent à remettre tous les dons qu'il a reçus, à l'exception de la toque des doges, de la chemise d'or et du vêtement de Jerdimir. Selon les chants monténégrins, il veut, au mépris de ses engagements, tout garder.

Maxime furieux frappe les flancs de son cheval avec son fouet à triple corde, il le frappe avec une telle force qu'il lui lacère la peau. L'impétueux coursier bondit, emporte comme un ouragan son cavalier, et Maxime traverse de sa lance la tête de Diouro.

La guerre alors éclate entre les parents de Maxime et ceux de sa victime. Près du champ de bataille s'avance en tremblant le vieil Ivan : « O Dieu! dit-il, envoie-moi un vent de la montagne qui disperse les nuages, afin que je puisse voir ce qui reste des miens après le combat. » Et Dieu exauce sa prière, et son fils est en vie. Mais il ne peut rester dans la contrée où il a soulevé contre lui des haines et des projets de vengeance implacables. Il renvoie sa femme à Venise, se rend à Constantinople et se fait musulman. Le père de Diouro, qui redoute du côté de la famille d'Ivan les mêmes vengeances, se réfugie aussi à Constantinople et se fait musulman.

Ivan avait encore un fils nommé Georges qui se maria comme son frère à une Vénitienne, une fille de Mocenigo. La délicate patricienne ne pouvant s'habituer à la rude condition de son existence dans les montagnes, décida son époux à renoncer à ses États pour s'en aller vivre avec elle dans les joies de sa ville natale.

Ainsi finit la dynastie d'Ivan le Noir. Mais cet homme énergique avait inspiré une haute admiration à ceux qu'il arrachait au joug musulman, et son souvenir s'est transmis à leurs descendants. Les principaux incidents de sa vie sont relatés dans des chants enthousiastes, et son nom a été donné à plusieurs ruines et à plusieurs points de la contrée.

Tous les peuples guerriers ont un héros de prédilection, dont ils multiplient les actes de courage, qu'ils grandissent dans leur imagination, qu'ils idéalisent dans leurs récits, et dont ils lèguent à leurs fils la tradition, comme un héritage glorieux. Les Grecs ont eu leur Achille, les Arabes leur Antar; la poésie anglaise a eu son Arthur, la poésie française son Roland, la poésie espagnole son Çid, la poésie germanique son Siegfried.

Supérieurs à tous les autres hommes par leur force surnaturelle, quelques-uns de ces héros ne doivent pas être assujettis à la destinée humaine. Comme ils n'ont jamais été vaincus sur le champ de bataille, la nation qui s'enorgueillit de leurs exploits n'admet pas qu'ils puissent être vaincus par la mort. Comme elle perpétue leurs éclatantes actions dans ses chants, elle perpétue leur vie dans ses naïves croyances. Ils disparaissent du monde en une heure fatale, mais ils doivent revenir un jour, recommencer une autre ère et réaliser les désirs d'honneur, de triomphe, de prospérité de leur pays. Les Indiens du Nouveau-Mexique entretiennent comme des vestales un feu perpétuel dans des cavernes, en mémoire de Quetzalcoatl dont ils attendent constamment le retour. Les Allemands ont endormi Charlemagne sous les voûtes du Wunderberg ; Frédéric Barberousse dans les grottes de Kiffhaüser. Les Monténégrins disent aussi que leur Ivan est assoupi dans les grottes d'Obod sur le sein de la mystérieuse Vila, qu'un temps viendra où il se réveillera de son sommeil, et le glaive à la main, conduira ses frères à la conquête de Cattaro, à la conquête de la mer.

Pendant son règne, Georges, fils d'Ivan le Noir, avait doté le Montenegro de plusieurs utiles institutions. Sous son nom furent imprimés en caractères cyrilliques des livres d'église slaves, les plus anciens monuments typographiques de ce genre que l'on connaisse. Ils datent de 1494, mais rien n'indique le lieu où ils furent composés. Les Monténégrins disent que Georges avait lui-même organisé dans ses domaines un atelier d'imprimerie.

En partant pour Venise vers l'année 1516, il abandonna l'administration civile de son petit

État au métropolitain qui en était déjà le chef spirituel. Ainsi fut établi le régime théocratique du Montenegro. Les Turcs ne pouvaient renoncer à s'emparer de ce pays. Un prêtre à présent le gouvernait, et les excommunications de ce prêtre ne devaient pas les effrayer. Cependant ils ne firent pendant longtemps aucune tentative pour soumettre le Montenegro par la violence, ils essayèrent de le gagner par l'intrigue. Ils avaient là des partisans, des hommes de leur nation et des gens même de race slave qui s'étaient convertis à l'islamisme. Ils espéraient, par la coopération de ces renégats, arriver peu à peu à dissoudre les liens, à comprimer les hostiles dispositions de la peuplade monténégrine.

Un de leurs beys, irrité pourtant de voir que par ces moyens de temporisation il faisait peu de progrès, en revint au premier instrument de propagation de la religion de Mahomet, au tranchant du glaive. Il entra dans le Montenegro. Après plusieurs engagements dans lesquels il eut à lutter contre une vigoureuse résistance, il réussit à se rendre maître d'une forteresse, à subjuguer un district, et par là augmenta l'importance du parti turc dans le Montenegro. Mais ce parti n'était point assez puissant pour faire fléchir l'ardente animosité du reste de la tribu. A tout instant, les Monténégrins reprenaient les armes et harcelaient leurs ennemis. La république de Venise était toujours sûre de les avoir pour auxiliaires dans ses guerres contre les Turcs. Ils ont rendu plusieurs fois à cette république des services dont elle s'est montrée peu reconnaissante.

En 1623, le pacha Soliman de Scutari résolut d'en finir avec ces quelques milliers d'hommes qui, dans l'enceinte de leurs rocs, se raillaient de l'orgueil musulman. A la tête d'une armée considérable, il s'avança contre eux, et les trouva sur son chemin hardis, intrépides, s'élançant avec la fureur du désespoir contre ses épaisses légions et y faisant des trouées sanglantes. Il pénétra cependant jusqu'à Cétinié, détruisit le couvent et l'église, construits par Jean le Noir, ravagea les campagnes voisines, et obligea les fiers montagnards à payer, comme des rahiahs subjugués, le harach à la Sublime-

Porte. Les Monténégrins ne peuvent parler encore sans frémir du temps où leur pays fut soumis à cet impôt, qui, pour comble d'humiliation, était appliqué à solder les comptes de cordonnier du sultan.

L'outrageante loi de Soliman pesa sur le Montenegro pendant quatre-vingts ans, non pourtant sans être plus d'une fois violée, rejetée, puis enfin, un jour, elle fut noyée dans le sang.

Les Monténégrins eurent leurs vêpres siciliennes. Les Turcs avaient provoqué un complot sanguinaire par une indigne trahison. Voici le fait :

A la fin du dix-septième siècle, Daniel Pétrovitch de Niègouss fut élu métropolitain. Primitivement les métropolitains du Montenegro étaient consacrés par le patriarche serbe de la ville d'Ipek en Albanie. Les voyages à cette cité d'Ipek, occupée par les musulmans, étaient devenus fort périlleux. Daniel dut se rendre en Hongrie pour y recevoir d'un autre patriarche la sanction religieuse de sa dignité sacerdotale. Quelques années après son installation, les rajas de Zenta obtinrent du pacha de Scutari, par l'efficacité de leurs présents, l'autorisation de bâtir une petite église chrétienne. L'édifice achevé, le pope Ivan réunit sa communauté et lui dit : « Voilà notre œuvre, rejouissons-nous de l'avoir terminée. Mais ce ne sera pourtant qu'une vaine construction tant que nous n'aurons pas reçu du pacha un sauf-conduit pour la faire bénir par l'évêque du Montenegro. »

Le sauf-conduit fut accordé. Daniel, en le lisant, dit à ses amis : « On ne peut se fier aux promesses des Turcs. Cependant, pour ne pas manquer à un devoir de notre sainte croyance, j'irai dans le village de mon frère, dussé-je ne jamais en revenir. » Il partit avec cette noble résolution, et les musulmans le laissèrent tranquillement bénir l'autel des raïahs; mais, dès que la cérémonie fut achevée, ils le firent prisonnier et demandèrent pour le mettre en liberté l'énorme somme de trois mille ducats. Pour acquérir cette rançon, les Monténégrins en furent réduits à vendre les vases sacrés de Cétinié.

A son retour dans sa principauté, où il fut reçu avec enthousiasme, Daniel, qui avait compris quelle fatale influence les familles musulmanes et les familles des renégats dispersés de côté et d'autre dans le Montenegro pouvaient exercer sur sa peuplade chrétienne, et qui rapportait de sa captivité des sentiments peu affectueux pour les Turcs, résolut d'extirper ces familles du sol de son plateau comme un horticulteur extirpe de son jardin les plantes dangereuses.

Il convoqua secrètement un certain nombre d'hommes déterminés, et cette assemblée décida que dans la nuit de Noël, la nuit de la bonne nouvelle évangélique, de la régénération humaine, tous les habitants du pays qui professaient l'islamisme seraient égorgés sans distinction aucune et sans pitié, à moins qu'ils ne consentent à recevoir le baptême.

Le secret de la conspiration fut strictement gardé. Le massacre s'accomplit tel qu'il avait été projeté. Ceux qui eurent le bonheur de s'échapper prirent la fuite, et le Montenegro fut ainsi purgé de sa funeste engeance.

De cette nuit sanglante date une nouvelle ère d'affranchissement dans les annales du Montenegro ; de cette même nuit date aussi une épopée guerrière qui s'étend en traits flamboyants à travers tout le xviiie siècle et qui dure encore, épopée d'une grandeur surprenante, qui parfois s'élève jusqu'à des actes d'une vigueur incroyable.

Je ne me passionne point pour les Monténégrins, non, je dirai même que leur aspect et leurs mœurs m'ont inspiré plus de répulsion que de sympathie. Près des domaines de la bénigne Autriche, je les vois avec leur ardeur de pillage et de razzias comme une bande d'Uscoques retranchés sur une montagne. Dans les lois d'ordre et d'équité, dans le mouvement intellectuel de la société européenne, leur pays m'apparaît comme une île barbare au sein des flots de la civilisation, et leur existence comme un fait anormal qui ne peut subsister.

Je ne puis oublier qu'en plus d'une circonstances il n'a point suffi à leur ardeur de lutter contre l'ennemi de leur foi et de leur liberté, mais qu'ils ont commis de sang-froid d'atroces cruautés. Je ne puis oublier qu'il y a moins de cinquante ans ils décapitaient, chaque fois qu'ils en trouvaient l'occasion, nos soldats de Raguse ou de Castelnuovo, comme ils ont si souvent décapité les Turcs, et jouaient aux boules avec ces têtes sanglantes en joignant à ce jeu l'ignominie d'une épigramme, en s'écriant avec un rire hideux : « Voyez comme elles sont légères, comme elles roulent ces têtes de Français [1] ! »

Mais partout où se manifeste un généreux sentiment de religion et de liberté, partout où éclate un courage qui s'élève jusqu'à l'héroïsme, nous ne pouvons lui refuser notre admiration ; et, dans leurs longues et incessantes batailles contre les Turcs, les Monténégrins ont eu par leur courage des jours de victoire, des jours de triomphe plus étonnants que ceux des Grecs dans l'invasion de Xerxès, et que ceux des Suisses dans la défense de leurs foyers contre les légions de l'Autriche et l'armée de Charles le Téméraire.

Qu'on suppose le plateau monténégrin placé au centre de l'Europe, aux lieux où siége la Renommée aux cent voix, historiens et poëtes,

1. Vialla de Sommières. *Voyage au Monténégro*, t. 1, p. 145.

peintres et journalistes auraient propagé dans le monde entier l'éclat de ses exploits ; mais ce plateau où se sont accomplis tant d'actes d'une merveilleuse bravoure est relégué à l'une des extrémités du monde de la publicité, du monde des vivants. A quoi tient la gloire, cette Fata Morgana de tant d'hommes et de tant de peuples altérés de ses saveurs? A quoi? Oh! pauvre vanité humaine! à une matinée brumeuse, à un rayon de soleil subit, à un accident de terrain.

Un Polybe, un Xénophon useraient leur stylet et leurs rouleaux de papyrus à raconter en détail les batailles des Monténégrins. Moi qui n'ose et qui ne pourrais, si j'avais l'audace de l'oser, entreprendre une telle relation, j'essayerai seulement d'en faire ressortir les points principaux.

Peu de temps après l'exécution organisée par Daniel, voici d'abord les musulmans de l'Herzegovine. Ils sont les proches voisins de la Montagne-Noire, ils ont entendu les récits de leurs coreligionnaires échappés à la terrible nuit de Noël, ils veulent venger la foi musulmane du sang qu'elle a versé dans cette nuit de massacre, et, pour ne point échouer dans leurs désirs d'implacables représailles, ils s'arment en grand nombre. Mais ils sont vaincus. Une partie d'entre eux reste sur le champ de bataille; d'autres fuient en déroute; d'autres sont prisonniers. Quand les familles de ces captifs demandent à les racheter, les Monténégrins répondent : « Nous ne vous ferons point payer au poids de l'or vos Turcs, comme on nous a fait payer notre vladika. Nous ne les estimons que ce qu'ils valent, nous vous les rendrons tête pour tête, pour un même nombre de porcs. » Si injurieuse que fût la proposition, la population de l'Herzegovine se résigna à l'accepter. Les Monténégrins avaient fait cent cinquante-sept prisonniers, on leur livra cent cinquante-sept porcs.

Avec toute la confiance que leur inspirait leur bravoure, les Monténégrins ne pouvaient cependant se dissimuler leur faiblesse numérique. Il leur fallait un appui dans les périls qui les menaçaient. Ne pouvant compter sur Venise, ils s'allièrent à la Russie. Un de leurs chants populaires rapporte que ce fut Pierre le Grand qui les engagea lui-même à s'unir à lui contre les musulmans. Dans la lettre qu'il leur adressa par son ambassadeur Radovitch, il leur disait : « Voilà que les Turcs m'attaquent pour venger Charles XII. Mais je me fie au Dieu tout-puissant, je me fie au peuple serbe et surtout aux vaillants Monténégrins. J'espère qu'ils m'aideront à délivrer le monde chrétien, à relever les temples de la vraie foi, à illustrer le nom slave. Guerriers de la Montagne-Noire, vous êtes du même sang que les Russes, vous avez la même croyance, vous parlez la même langue, et vous êtes sans crainte comme les Russes. Levez-vous avec votre héroïsme digne de l'héroïsme antique, et montrez que vous êtes à jamais les ennemis du croissant ! »

Il n'en fallait pas tant pour enflammer l'ardeur de ceux qui n'aspiraient qu'à combattre. A la distance qui les séparait de Saint-Pétersbourg, ils pouvaient bien répéter le proverbe russe : « Dieu est haut et le tzar est loin; » mais leur alliance avec un si grand souverain leur donnait une nouvelle audace. Ils coururent aux armes et se précipitèrent sur l'Herzegovine et sur l'Albanie. Pendant qu'ils poursuivaient leurs excursions, Pierre était obligé de faire la paix avec les Turcs, et, par suite de ce traité, les Monténégrins se trouvaient de nouveau abandonnés à eux-mêmes, en face d'une puissance plus que jamais irritée contre eux.

En 1712, la Porte ordonna à Achmet-pacha d'entrer dans le Montenegro, avec des forces assez considérables pour anéantir ce foyer de révolte. Nous rapportons d'après un autre *Piesme* les événements de cette campagne, l'un des glorieux souvenirs des Monténégrins.

Stamboul, dit ce chant traditionnel, s'enorgueillit de la victoire qu'elle a remportée sur les Moscovites. Tout à coup arrive un guerrier turc de la forteresse sanglante d'Onogochto. Il raconte avec des larmes au divan impérial les douleurs que les gens de la Montagne-Noire ont infligées à la Bosnie ; l'incendie des villes, le pillage des campagnes, les ravages partout. Frappé de ce récit, le sultan commande à son meilleur séraskier, à Achmet-pacha, d'assembler cinquante mille hommes et d'écraser les rebelles.

Arrivé avec ses cinquante mille hommes dans les plaines de Podgoriça, le séraskier écrit au vladika Daniel : « Envoie-moi le harach, envoie-moi en otage tes meilleurs frères d'armes, sinon je dévaste tout ton pays, et toi je te livre à la torture. » En lisant cette lettre, le vladika verse des larmes amères, puis il réunit les chefs de la tribu et leur annonce la terrible nouvelle. Quelques-uns des chefs disent : « Payons le harach ; » les autres s'écrient : « Des pierres pour les Turcs, voilà le harach que nous leur donnerons. » Tous se réunissent enfin dans un même brave sentiment et déclarent qu'ils verseront jusqu'à la dernière goutte de leur sang pour défendre leur foi et leur liberté.

Le vladika alors invoque la bienfaisante Vila : « Esprit de nos montagnes, dit-il, révèle-moi le moyen de vaincre nos ennemis, » et la Vila lui révèle ce moyen.

Trois montagnards sont désignés pour aller reconnaître la situation et la force de l'ennemi. Ils traversent à la hâte deux Nahias. Au coucher du soleil, ils arrivent sur les bords de la Moratcha et s'arrêtent là pour manger leur morceau de pain. Dès que l'obscurité enveloppe la terre, ils se glissent dans le camp du pacha, ils marchent toute la nuit sans pouvoir le parcourir en entier. Alors, l'un d'eux, le hardi Verko, dit à ses compagnons : « Allez rejoindre le vladika, racontez ce que vous avez vu, moi je reste ici. »

Les deux montagnards reviennent près du prince et lui disent : « Les soldats musulmans sont en si grand nombre, que si nous étions tous trois changés en blocs de sel, nous ne suffirions pas à saler leur soupe. » Puis, pour rassurer leurs frères, ils ajoutent : « La plupart de ces soldats ne sont que des estropiés et des infirmes. »

Encouragés par ce rapport, les gens des divers villages se rassemblent à Cétinié, entendent la messe dévotement, reçoivent la bénédiction de leur évêque, se mettent en marche, divisés en trois bandes sous les ordres de trois vòïvodes. La première bande devait attirer les Turcs dans un défilé en feignant de fuir devant eux ; la seconde devait se jeter sur eux du haut des montagnes, et la troisième se ranger en bataille dans la vallée.

Verko s'était fait le guide de l'armée musulmane, et il la conduisit à un endroit où elle ne pouvait se développer. Les habiles combinaisons du vladika réussirent complétement. Les Turcs, attaqués à l'improviste de trois côtés, se débandèrent, prirent la fuite, laissant sur le champ de bataille plusieurs centaines de morts et quatre-vingt-sept étendards.

Ce triomphe, que les Monténégrins célébrèrent par des fêtes joyeuses et des chants pompeux, ils devaient le payer cher. Deux années après, le grand vizir Kiuperli s'avançait contre eux à la tête de cent vingt mille hommes. Par la défaite d'Achmet, les habitants de la Montagne-Noire avaient donné à la Turquie une telle idée de leur valeur que Kiuperli, ne se croyant pas sûr de les vaincre avec sa formidable armée, eut recours à la ruse; il leur proposa un accommodement que les pauvres Monténégrins, effrayés d'un tel déploiement de force, n'osaient rejeter. Pour négocier les conditions de ce traité, il réussit à faire descendre dans son camp, avec les plus belles promesses de sauvegarde, trente-sept principaux Monténégrins. Dès qu'ils furent arrivés près de lui, il les fit traîtreusement arrêter et se mit en marche.

Les montagnards, privés de leurs meilleurs chefs, se réunirent cependant avec une intrépide résolution. Mais cette fois ils furent écrasés par le nombre de leurs adversaires : les uns s'enfuirent avec leurs femmes et leurs enfants sur les sommités de leur plateau ; d'autres se retirèrent sur le sol de la Dalmatie, où les gouverneurs de la cruelle, oublieuse république de Venise, les laissèrent honteusement saisir et massacrer.

Kiuperli entra dans la plaine de Cétinié, incendia le couvent qui avait été réédifié par Daniel, ravagea les environs, égorgea sans distinction d'âge ni de sexe une quantité de malheureux êtres sans défense qui se trouvaient sur son chemin, et, après cette effroyable boucherie, se retira emmenant avec lui deux mille captifs.

A peine était-il parti que les Monténégrins, réfugiés dans leurs défilés inaccessibles, revenaient sur le terrain de leur village dévasté, reconstruisaient leurs maisons en ruine et aiguisaient leurs armes.

Les fureurs de Kiuperli les avaient terrassés et ne les avaient pas vaincus. Déjà, en 1716, deux ans après leurs désastres, ils se relevaient de nouveau contre les troupes réunies du pacha de l'Herzegovine et du pacha de Bosnie, et remportaient sur elles une victoire complète qu'ils souillèrent malheureusement en immolant trente-sept de leurs prisonniers en mémoire de leurs trente-sept concitoyens victimes de la trahison de Kiuperli.

En 1727, en 1732, deux autres batailles, deux autres victoires pour les Monténégrins. Dans la première, le pacha Retir n'échappa à la mort que par la vélocité de son cheval. Dans la seconde périt un neveu du sultan.

En 1729, huit pachas se réunirent pour dompter l'indomptable tribu et la bloquèrent pendant plusieurs années. Les Monténégrins parvinrent pourtant à briser ce faisceau d'armes et souillèrent encore une fois leur succès par la plus effroyable barbarie. Ils enfermèrent soixante-dix prisonniers dans une étable et les y brûlèrent.

En 1750, encore une terrible expédition, encore un triomphe. C'est le pacha de Bosnie qui marche contre les Monténégrins avec trente mille hommes. Un *Piesme* raconte en termes curieux cet événement.

Le pacha de Bosnie écrit au prêtre de la Montagne-Noire : « Envoie-moi le harach que tu dois à la Sublime-Porte, et de plus douze belles jeunes filles de douze à quinze ans, sinon ton pays sera dévasté et tous ses habitants, jeunes et vieux, seront emmenés en esclavage. » Le vladika, après avoir montré cette lettre aux capitaines des districts, répond au pacha : « Comment peux-tu, indigne renégat, demander le harach aux enfants de la libre montagne? Pour tribut, nous te jetterons à la tête les pierres de notre sol, et au lieu de douze de nos jeunes filles, tu recevras douze queues de porc pour parer ton turban. Sache que la beauté de nos filles ne s'épanouit pas pour un vil renégat. Plutôt que de les lui livrer, nous nous laisserons couper les bras et les jambes, arracher les yeux. Es-tu décidé à nous attaquer? Viens. Ta tête roulera dans nos vallées parsemées déjà de tant de têtes de Turcs. »

A cette réponse, le pacha prend sa barbe entre ses mains et d'une voix de tonnerre appelle ses officiers. Puis il se met en route avec ses troupes. Les Monténégrins l'attendaient dans le défilé de Brod. Et le combat s'engage, et voilà que les héros de la montagne s'aperçoivent que leurs munitions sont épuisées. Par la grâce de Dieu, au milieu de la nuit, un étranger leur apporte des balles, de la poudre. Le lendemain, après avoir fait le signe de la croix, ils se précipitent dans les rangs des Turcs, comme des loups dans un blanc troupeau. Ils les renversent, ils les égorgent, ils poursuivent au loin les fuyards. Le pacha se sauve à cheval, blessé, hors d'haleine. »

Un épisode dramatique de l'histoire de Russie souleva sur le plateau monténégrin une nouvelle tempête.

Le 6 juillet 1762, Pierre III était mort dans la prison où l'avait fait enfermer Catherine. Son corps fut transporté à Saint-Alexandre-Newsky et exposé aux regards du public. Sa mort était pleinement constatée par les milliers d'individus qui l'avaient contemplé sur son dernier lit de parade et lui avaient, selon l'usage, baisé la main. Cependant le peuple, et surtout le peuple des provinces, frappé de cet événement subit, hésitait encore à l'admettre, et il n'était pas difficile de lui faire croire qu'on l'avait trompé. En moins de dix ans, on vit apparaître une demi-douzaine d'imposteurs qui successivement prirent le nom de l'infortuné monarque, et trouvèrent des partisans, et portèrent, pendant quelques heures le titre d'empereur. Le premier fut un cordonnier de Woronetz, dont une troupe de soldats fit promptement justice ; le second un déserteur du régiment d'Orloff, dont le règne ne fut pas plus long. Des prêtres trompés par ses absurdes récits venaient de l'élever sur l'autel de leurs églises et le proclamaient leur légitime souverain, quand un colonel, qui passait par là avec son régiment, apprenant cette intronisation, s'empara fort irrévérencieusement de la nouvelle majesté et la livra à un peloton de fusiliers.

Le troisième était un paysan des terres de Woronzoff. Il persuada à une troupe de Cosaques qu'il était Pierre III, reçut leur serment de fidélité, se choisit parmi eux des officiers, des ministres, et, au milieu de sa gloire impériale, fut arrêté par un escadron de cuirassiers.

En 1770, apparut le fameux Pugatscheff, dont chacun connaît les tragiques aventures. Son audace et sa cruauté répandirent la consternation en Russie. Il incendia des villes, ravagea de vastes campagnes, détruisit des centaines de villages. Pour mettre fin à ces atrocités, ce n'était pas assez de lancer à sa poursuite quelques régiments, il fallait mettre sur pied plusieurs corps d'armée.

Le Montenegro eut aussi son faux Pierre III. C'était un aventurier de la plus vulgaire espèce, nommé *Stiepan Mali* (Étienne le Petit). Enrôlé d'abord dans un régiment de Croates, il déserta, s'enfuit jusqu'à Budua, à l'extrémité des bouches de Cattaro, et entra comme domestique au service d'un pauvre crédule brave homme, à qui il confia avec un mystère solennel son prétendu nom impérial, ses infortunes et ses hautes espérances. L'étonnant respect avec lequel son maître commença à le traiter, après cette révélation, attira sur lui l'attention. Bientôt, le bruit se répandit dans la contrée que Pierre III était là, et la foule le crut, et le déserteur de la Croatie, le valet du paysan de Budua entra dans le Montenegro pour y commander en souverain. A cette époque, le métropolitain de la montagne, affaibli par l'âge, s'était retiré dans le couvent de Stanjevitch, abandonnant l'administration du pays à son successeur Vasili, et celui-ci était absent.

Le vieux vladika essaya cependant de démontrer la fourberie d'Étienne ; mais les esprits étaient déjà trop prévenus pour qu'il pût, du fond de sa retraite, les convaincre de leur erreur. Puis, tandis qu'il élevait sa faible voix contre l'aventurier, d'autres manifestations donnaient à ses paroles un éclatant démenti. Le patriarche d'Ipek envoyait à Étienne un cheval superbe, et l'un des habitants notables de Risano, nommé Dschaja, lui faisait hommage d'un riche costume en lui adressant une lettre des plus humbles. Dschaja ayant autrefois vécu en Russie, son acte de courtisanerie envers le faux Pierre III avait par là une importance particulière.

Cependant, on avait appris en Russie cette nouvelle tentative d'imposture, et le prince Dolgorouki fut envoyé parmi les Monténégrins pour les éclairer. A son arrivée, sur l'invitation du métropolitain, les chefs des Nahias se rassemblèrent à Cétinié. Là, le prince leur raconta comment Pierre était mort, et comment sa mort avait été constatée par toute la population de Pétersbourg. A ce récit, les naïfs Monténégrins comprirent enfin qu'ils avaient été le jouet de leur crédulité, et déclarèrent qu'ils abandonnaient Étienne. Mais le même jour, Étienne, qui demeurait dans un cloître à quelque distance de là, entrait hardiment dans la plaine de Cétinié. A son aspect, ceux qui venaient de se prononcer contre lui oublièrent leur récente conviction et s'élancèrent à sa rencontre, en s'écriant : « Voilà notre maître ! » Leur vladika parvint cependant à les ramener à la raison. Ils s'inclinèrent devant lui comme des écoliers surpris en une nouvelle faute, et laissèrent arrêter comme un criminel celui qu'ils venaient de saluer comme leur souverain.

Dolgorouki le fit enfermer dans une chambre au-dessus de celle que lui-même occupait. L'étrange comédie n'était pas finie. « Vous voyez bien, dit Étienne à ses gardiens, que le prince est envoyé ici par ceux qui m'ont ravi ma couronne, et qu'en dépit des récits mensongers qu'il vous a faits, il reconnaît lui-même mon haut rang, puisqu'il me place au-dessus de lui. »

Il n'en fallut pas plus pour rendre aux Monténégrins leur première croyance. L'habile charlatan fut réinstallé dans son pouvoir, et Dolgorouki fut obligé d'abandonner leur pays.

Les Turcs ne croyaient pas à la haute dignité d'Étienne, mais ils le regardaient comme un émissaire de la Russie, et, pour prévenir les hostiles projets qu'ils lui supposaient, ils entreprirent une nouvelle expédition.

Le bey de Roumélie, le pacha de Bosnie et le pacha de Scutari réunirent une armée comme celle de Kiuperli, une armée de cent vingt mille hommes, disent les traditions de la montagne, qui, dans cette circonstance comme en quelques autres, peuvent bien avoir exagéré leur chiffre. Ce qu'il y a de sûr, pourtant, c'est que, pendant cinq semaines, les Monténégrins combattirent comme des lions contre un énorme assemblage de troupes; qu'un matin, enfin, avant le lever du soleil, ils se précipitèrent avec une résolution désespérée au milieu du camp turc, l'arrosèrent de sang, et forcèrent leurs ennemis à se retirer.

Étienne, qui avait été la cause de ces dernières batailles, montra dans cette occasion si peu de bravoure que les Monténégrins lui retirèrent leur estime. Ils lui laissèrent pourtant exercer encore parmi eux le pouvoir qu'il s'était arrogé par son astuce, et refusèrent obstinément de le remettre entre les mains des Turcs, qui, dès le commencement de leur campagne, demandaient qu'il leur fût livré.

Mais un jour il fut aveuglé par l'explosion d'une mine à laquelle il avait imprudemment mis le feu. Il se retira dans un cloître, et, quelque temps après, fut assassiné par un domestique grec, à l'instigation du pacha de Scutari.

Il avait régné environ quatre ans, et, s'il était aussi impudent fourbe que Pugatscheff et les autres simulacres de Pierre III, il avait au moins de sévères principes de droiture. Il fit une fois fusiller deux hommes qui s'étaient rendus coupables d'un larcin, et l'on raconte qu'il en vint à inspirer un tel effroi aux voleurs, qu'ayant déposé au bord d'un des sentiers les plus fréquentés du Montenegro des armes brillantes et dix ducats, personne n'osa y toucher.

Sava, qui, du temps d'Étienne, était investi du titre de vladika, et Vasili, son coadjuteur, n'ont laissé dans les annales du Montenegro qu'un nom insignifiant. Mais, en 1777, voici venir un homme d'un très-rare mérite, Pétrovitch Ier.

Loin des institutions, loin des enseignements des peuples civilisés, dans son obscur solitaire village de Niègouss, cet homme s'était développé de lui-même par ses dons naturels, comme une forte plante par sa séve généreuse.

A un puissant courage il joignait une entente remarquable des affaires. Il aimait son peuple noblement, sincèrement, et, pendant son long règne, il fut sans cesse occupé de le défendre ou de l'éclairer. Seul ou à peu près seul dans sa sphère intelligente, entravé dans ses plus louables projets par l'apathie des Monténégrins ou par leur attachement à leurs vieilles coutumes, combattu même quelquefois par les Radovitch de Niègouss, auxquels, depuis une époque indéterminée, appartenait par droit d'hérédité le titre de gouverneur civil, Pierre Ier réussit cependant à accomplir plusieurs nobles réformes. A l'aide des subsides de la Russie, il reconstitua l'administration civile et judiciaire de son pays. Il introduisit dans son ignorante tribu l'usage de la vaccine, la culture de la pomme de terre, et lui donna sa première école.

Il eut des luttes redoutables à soutenir contre les Turcs, puis contre les Français, et s'y distingua par sa bravoure.

Pendant qu'en 1787 les Russes, unis aux Autrichiens, entreprenaient contre la Porte une guerre qui dura quatre années, les Monténégrins, dont ils avaient demandé la coopération, entrèrent à diverses reprises dans l'Albanie, détruisirent une quantité de villages, battirent les musulmans sur leur propre terrain. A la paix de Sistova, en 1791, les deux puissances oublièrent la valeureuse peuplade, qui, dans cette occasion, leur avait rendu d'importants services. Rien ne fut demandé pour elle; rien ne lui fut accordé; et le Montenegro resta, comme par le passé, inscrit sur la carte de l'empire ottoman, dans la province de Scutari.

Dès l'année 1796, le pacha de cette ville, l'audacieux Mahmoud, que le divan de Constantinople ne pouvait maîtriser, qui fut pour la Porte un autre Mehemet-Ali, marchait contre les Monténégrins avec une armée de trente mille hommes, et ni la Russie ni l'Autriche ne réclamèrent contre cette invasion.

Comme un évêque du moyen âge, le vladika s'élança avec ses soldats au-devant des infidèles. Moins scrupuleux que les prélats des croisades, il ne portait pas comme eux une massue, pour se soustraire, par un naïf subterfuge, à la loi de l'Église qui défend de verser le sang. Il combattait avec le sabre et la carabine et combattait au premier rang.

Les trente mille hommes du pacha furent mis

en déroute par une petite troupe de Monténégrins. Pendant qu'il s'efforçait de les rallier, il fut frappé d'une balle qui l'obligea à se retirer. Mais, dès que sa blessure fut guérie, il revint avec une armée plus considérable et une ardente soif de vengeance.

Cette fois il pénétra dans l'intérieur du pays. Là il se trouva soudain assailli par des bandes de Monténégrins postés derrière les rocs, séparé de ses troupes qui se débandaient, enlacé dans un cercle de fer auquel il ne pouvait échapper. Il fut tué avec la plupart des officiers qui l'entouraient à son dernier moment, et sa tête fut déposée comme un trophée dans la demeure du vladika.

Après cette mémorable bataille, les Turcs ont renoncé à porter sur le Montenegro ces formidables armées qui, tant de fois, n'avaient servi, par la quantité même de leurs légions, qu'à augmenter la douleur de leur défaite. Des troupes de quelques milliers d'hommes seulement ont été dirigées contre ce Caucase, contre cette Kabylie de l'empire ottoman; mais ces expéditions se sont renouvelées fréquemment, et l'on peut dire que, dans l'espace d'un siècle et demi, le clan monténégrin n'a point passé une année entière sans entendre résonner sur son plateau le cri de guerre, sans prendre les armes, soit contre l'Herzegovine, soit contre la Bosnie ou l'Albanie.

Dans leur campagne de 1806, les Monténégrins subirent une humiliation à laquelle les Turcs ne les avaient point habitués. Leurs chanteurs populaires, en racontant cette phase de leur histoire, ont mêlé à leur accent belliqueux un profond accent de deuil.

Avec leur audace habituelle, ils s'élançaient gaiement à un nouveau combat. Avec les Russes, ils formaient une armée considérable, et ils furent battus par nos vieux soldats. Ils étaient treize mille réunis devant les murs de Raguse. Un régiment, commandé par le général Molitor, les attaqua à la baïonnette et les mit en fuite [1].

---

[1]. Ils furent, dit le colonel Vialla, dispersés comme une nuée de sauterelles à l'approche de l'orage, et l'on vit alors ce que peuvent l'ordre et la discipline militaire contre la fureur individuelle. Les Russes, qui comptaient beaucoup sur les Monténégrins, déçus par leur mouvement rétrograde,

Quelques mois après, sous les murs de Castelnuovo, ils subirent encore un plus grand désastre. Ils laissèrent sur le sol une quantité de morts. A la honte de leur défaite, ils ajoutèrent celle de plusieurs hideux guet-apens et de plusieurs atroces cruautés. Ils égorgèrent avec une lâche barbarie le général Delgorgue et un aide de camp du maréchal Marmont, qui étaient tombés vivants entre leurs mains, et partout où un de nos soldats se trouvait pris sans défense, ils le tuaient sans pitié.

Après le combat de Castelnuovo, le vladika ne demandait qu'à faire la paix avec nous. Après le traité de Tilsitt, les Russes eux-mêmes abandonnaient le golfe dont ils nous disputaient depuis un an la possession.

Le commandant français de Cattaro croyait pouvoir compter sur les pacifiques dispositions des Monténégrins; mais le moindre accident suffisait pour soulever un orage au sein de cette effervescente population et pour exposer notre garnison à quelque sauvage attentat.

furent contraints de se rembarquer avec précipitation (*Voyage au Monténegro*, t. I, p. 6.)

En 1809, un jeune montagnard ayant été un jour arrêté dans la ville sous l'inculpation d'un crime, et fort maltraité, il faut le dire, par nos soldats, puis remis en liberté quand le tribunal eut reconnu son innocence, s'en alla dans sa tribu raconter les outrages qu'il avait soufferts. Il n'en fallut pas plus pour exciter la colère de ses concitoyens. Aussitôt ils reprirent les armes, se jetèrent dans les campagnes, menaçant de leur vengeance, non-seulement les Français, mais tous les paysans de Cattaro qui se montraient dévoués au régime français. « Ils interceptèrent, dit M. Vialla, toutes nos communications, coupèrent les chemins que nous faisions pratiquer sur diverses directions, et osèrent attaquer nos postes avancés. On les apercevait réunis en foule sur la cime de leurs montagnes, surtout celles qui dominent Cattaro, suivre là tous nos mouvements journaliers et toujours prêts à fondre sur nous. »

Des officiers italiens allaient habituellement dîner dans un casino au bord de la mer, à une portée de fusil de la ville. Un soir, neuf Monténégrins ont l'audace de descendre sous le canon de la place; ils s'avancent en rampant jusqu'auprès du restaurant, déchargent leurs fusils sur les officiers qui en ce moment se trouvaient à table, puis disparaissent. Par ces assassins, six officiers avaient été frappés à mort et plusieurs autres blessés.

Le maréchal de camp Bertrand, qui commandait le district, et le vladika, désirant également mettre fin à ces scènes de meurtres, se réunirent sur la frontière de la montagne et signèrent d'un commun accord un traité qui devait établir entre les deux partis des rapports sinon très-affectueux, au moins tranquilles et rassurants.

C'est à la suite de ce traité que M. Vialla entreprit son excursion à travers le Montenegro. Il s'est plu à raconter les marques de respect dont il fut entouré dans ce voyage.

Les dispositions pacifiques dont il rapportait à son retour un nouveau témoignage par l'accueil qu'il avait reçu ne furent cependant pas de longue durée.

Les Monténégrins aspiraient à s'emparer de Cattaro. En s'alliant aux Russes, en 1806, c'était une de leurs espérances. Ils aspiraient à prendre cette ville par la force de leurs armes, ils en parlaient en diplomates. Elle faisait autrefois partie, disaient-ils, du royaume de Serbie ; elle avait appartenu à leurs princes, elle était liée à la montagne par sa position géographique, par sa population slave, par le même idiome et les mêmes anciennes traditions. Lorsqu'au xiv° siècle elle se soumit aux Vénitiens, ce fut à la condition, ajoutaient-ils, qu'elle recouvrerait sa liberté dès que Venise cesserait de la protéger. Ni les Français ni les Autrichiens n'avaient donc le droit d'en disposer. Après la chute de la république de Venise, Cattaro rentrait légalement dans sa circonscription première, Cattaro devait être la cité maritime du Montenegro.

Il suffit de voir la position des habitants de cette montagne pour comprendre avec quelle ardeur ils doivent désirer la possession d'un point maritime. Les Turcs appellent le Montenegro une souricière. C'est en effet une souricière cernée de trois côtés par trois hostiles populations. Si ses rochers servent de sauvegarde à la belliqueuse tribu qui a été chercher un refuge dans leur enceinte, ils limitent aussi son extension; ils l'enserrent comme une garnison dans une forteresse; ils l'isolent du reste du monde. Les Monténégrins n'ont qu'une seule libre issue, celle que l'Autriche leur a gardée sur les plages de l'Adriatique. C'est là qu'il leur reste une porte ouverte aux rayons de la civilisation. C'est par là qu'ils échangent les fruits de leur sol contre les denrées qui leur sont nécessaires. Cattaro est leur principal débouché, leur bazar essentiel. Si, comme nous l'avons dit, Cattaro s'alimente des produits agricoles qu'ils lui portent régulièrement chaque semaine, à la rigueur cette ville pourrait se procurer sur les rives du golfe les provisions qui lui viennent à bas prix de Niègouss et de Cétinié, et les Monténégrins seraient fort en peine de trouver ailleurs celles dont ils ont absolument besoin. Qu'on se les figure entre les trois provinces musulmanes, armées contre eux depuis deux siècles, en guerre avec l'Autriche, ils se trouveraient bloqués de toutes parts sans balles et sans poudre.

Le clan du vladika avait donc résolu par une

grave argumentation qu'il devait reprendre Cattaro. « Entre la coupe et les lèvres, dit un proverbe oriental, il y a souvent un grand espace; » mais, pour les Monténégrins, entre le raisonnement et l'action il n'y a pas loin. L'année 1813, cette année dont ils entendaient jusque sur leur plateau retentir les lugubres canonnades, dont ils aspiraient avec une sorte de joie sauvage l'odeur de poudre et de sang, cette année devait leur donner une nouvelle ardeur de combat.

Ils descendirent du haut de leurs montagnes en chantant les chants du vieux Janko de Cattaro, et se précipitèrent vers les remparts où ils voulaient planter leur drapeau. Ils furent vaillamment reçus; ils furent obligés de se retirer, laissant un grand nombre de morts sur leur sentier. Quelque temps après, la ville assiégée par un autre ennemi, par une escadre anglaise, se rendit après plusieurs mois d'une énergique défense, et le commandant anglais la remit aux Monténégrins qui juraient de la bien garder. Bientôt pourtant, ils étaient obligés de la remettre à l'Autriche, et maintenant ils attendent de nouveau que leur Ivan le Noir se réveille de son sommeil séculaire pour la reconquérir.

La Turquie semblait se faire un généreux devoir de les consoler de leur désastre dans leurs tentatives contre les Français. En 1820, le vizir de Bosnie subit dans leurs défilés une telle défaite, que, dans la honte qu'il en ressentit, il se suicida.

Ce fut là le dernier grand combat des Monténégrins sous le règne de Pierre I*er*. Au mois d'octobre 1830, ce vaillant vladika, qu'un écrivain slave appelle le Louis XIV de Czernagora, terminait sa longue carrière. Il était âgé de près de quatre-vingt-dix ans, et il avait conservé jusqu'à cette extrême vieillesse un régime de vie si austère, que, dans sa dernière maladie, en la froide saison d'automne, il ne permit pas même qu'on allumât du feu dans sa chambre.

Dès que la nouvelle de sa mort se fut répandue dans le pays, de tous côtés on vit arriver autour de sa demeure une quantité d'hommes, de femmes, qui voulaient contempler encore sa figure vénérée, s'incliner devant lui et baiser sa main glacée.

Sa dernière pensée avait été une pensée de miséricorde. En fermant les yeux, il voulait encore faire du bien à son pays. Par son testament, il demandait que les Monténégrins observassent une trêve de six mois dans leurs animosités particulières, et, s'il se pouvait, dans leurs rapports avec les Turcs. Six mois de tranquillité c'était tout ce que le noble vladika osait, en sa qualité de prince et d'évêque, demander à sa turbulente tribu. Sa pieuse volonté fut du moins fidèlement exécutée. Pendant six mois tous les poignards restèrent dans leurs fourreaux. Des divers témoignages de déférence que les montagnards pouvaient donner à leur prélat, celui-ci n'était pas le moins méritoire. Quatre ans après, le Monténégro se préparait à rendre un autre hommage à la mémoire du puissant souverain qui avait pu assujettir leur effervescente nature à une trêve plus longue que les trêves de Dieu aux jours orageux du moyen âge. Quatre ans après, l'écrit suivant était répandu dans tous les villages du Monténégro et lu en public par les prêtres qui savaient lire.

« Religieuse population,

« Le 18 de ce mois, le jour de Saint-Luc, nous avons ouvert la tombe de nôtre dernier évêque, et nous avons trouvé son corps dans un parfait état de conservation. Nous vous annonçons ce miraculeux événement pour que vous en rendiez grâces à Dieu. Pendant sa vie, ce prélat fut votre défenseur, un défenseur toujours prêt à verser son sang pour vous. A présent, nous devons croire que ce saint serviteur de Dieu intercède pour ses enfants. Fidèles chrétiens, rappelez-vous les paroles qu'il vous adressait à ses derniers moments et par lesquelles il vous invitait à la paix et à la concorde. Ses saintes paroles ont fait sur vous une profonde impression avant la manifestation de sa sainteté. Maintenant que vous pouvez reconnaître par vos propres yeux sa béatitude, soyez assurés que ceux qui voudraient violer cette loi d'harmonie trouveraient en notre *saint Pierre* un puissant ennemi dans ce monde et dans l'autre. Que ceux d'entre vous qui seraient agités par des sentiments de aine, par des idées de vengeance, fassent un acte de réconciliation. Par là, ils se rendront agréables à saint Pierre et à Dieu. »

Celui qui publiait ce mandement avec cette candide piété était un jeune homme de vingt ans, le successeur du prince que le saint synode de Moscou allait, à la requête des Monténégrins, bientôt béatifier.

Le vénérable vladika du Montenegro avait eu avec la charitable pensée de sa trêve éphémère, une autre heureuse inspiration, celle de choisir pour le remplacer dans le gouvernement du Montenegro ce neveu qui joignait à une haute taille, à une figure imposante, les plus nobles qualités du cœur et de l'esprit.

Deux hommes de cette trempe occupant l'un après l'autre le trône au sein d'un grand peuple seraient devenus célèbres dans le monde entier. Relégués dans l'obscurité de leur demeure, sous le nuage de leur plateau, leurs vertus se sont évaporées comme l'éclat et l'arome de ces fleurs dont parle Gray, qui répandent dans les déserts inconnus leurs inutiles parfums.

Lorsqu'il fut appelé à succéder à son oncle, Pierre II avait à peine dix-huit ans, et n'avait pas encore pris un des ordres minimes de la prêtrise. Un évêque serbe le fit diacre, et en 1833 il alla à Saint-Pétersbourg recevoir du saint synode sa dignité épiscopale.

A son retour, il commença son règne, et qui dit le règne d'un prince monténégrin, dit une existence fort peu paisible. Pierre eut à lutter contre les Turcs, contre des dissensions intestines, et de plus il eut la douleur de voir pour une question de délimitation sa farouche tribu prendre les armes contre l'Autriche et s'engager dans une guerre qui pouvait avoir les résultats les plus fâcheux. Par ses remontrances, il parvint cependant à réprimer la fougue désordonnée de son peuple; par l'entremise de la Russie, la délimitation fut opérée et la paix rétablie entre le peuple monténégrin et le gouvernement de l'Autriche. Il mit fin aux dissensions de plusieurs nahias, en faisant exiler deux ambitieuses familles qui menaçaient de porter une grave atteinte à son pouvoir, la famille des Radovitch et celle des Vukovitch. Enfin il combattit vaillamment contre les Turcs.

Le vizir Reschid-pacha, voyant l'indomptable

montagne gouvernée par un homme si jeune, pensa que cette fois elle pourrait être aisément asservie. Il adressa à Pierre une lettre dans laquelle il l'engageait à se rendre à Constantinople pour y faire son acte de soumission, assurant qu'il recevrait là un favorable accueil et que le divan lui donnerait, comme au régent de la Serbie, le titre de prince, le bérat : « Que si tu rejettes, ajoutait le fier vizir, la grâce que je t'offre, tu seras écrasé. »

Pierre ne se laissa émouvoir ni par ces promesses, ni par ces menaces. Il écrivit à Reschid-pacha : « Le chef du Montenegro jouit d'une bien plus grande indépendance que le régent de la Serbie. Tant que la population à laquelle il commande conservera sa liberté, il n'a pas besoin du bérat, et le jour où elle sera vaincue, nul diplôme ne pourrait le protéger. »

Reschid ordonna au pacha de Scutari de marcher contre les Monténégrins. Les habitants des nahias ne s'attendaient point à une détermination si prompte et n'étaient point sur leurs gardes. Sept mille Turcs pénétrèrent dans le pays sans obstacle, arrivèrent jusqu'au village de

Martinich, qu'ils incendièrent. Mais aussitôt quelques centaines d'hommes se réunissent de côté et d'autre, s'élancent avec ardeur malgré l'infériorité de leur nombre contre les rangs des musulmans et les mettent en déroute. L'armée du pacha s'éloigna emmenant avec elle une soixantaine de prisonniers. De leur côté, les Monténégrins rapportèrent en triomphe dans leurs villages cinquante têtes de Turcs.

Des combats du même genre se renouvelèrent plusieurs fois, tantôt sur les domaines de l'Herzegovine, tantôt sur ceux de l'Albanie. Dans toutes ces occasions, les Monténégrins se signalèrent par un prodigieux courage; dans quelques autres, par malheur, ils commirent d'horribles cruautés. Comme aux féroces Dyaks de l'archipel oriental, il leur fallait des têtes humaines, des têtes pour assouvir leur fureur, des têtes pour attester leur victoire, des têtes pour parer comme un noble trophée leur demeure. Malgré la réprobation de leur vladika, plus d'une fois ils égorgèrent froidement leurs prisonniers, et un de leurs chants populaires raconte naïvement que trois Monténégrins, s'étant par surprise emparés de quarante Turcs, les conduisirent dans leur village et les massacrèrent.

Le vladika s'opposait vainement à ces actes de barbarie. Vainement il donnait à ses fougueux soldats l'exemple d'une généreuse nature, en rachetant lui-même des prisonniers et en les renvoyant dans leur pays. Une nouvelle bataille, une nouvelle escarmouche allumaient dans le cœur des Monténégrins un nouveau désir de vengeance, contre lequel échouait la volonté d'ailleurs si respectée du prince-évêque.

En 1838, les Monténégrins parvinrent à s'emparer d'une bande de terre au bord du lac de Scutari et de l'île de Vranina, qui s'étend sur une longueur de plusieurs lieues au nord de ce même lac. C'était pour eux une importante conquête. Deux ans après, elle leur fut enlevée. Autre germe de guerre, autre colère à apaiser dans le sang.

Au milieu de tous ces conflits, le vladika conservait, comme une flamme pure sous des tourbillons de fumée, une noble pensée d'amélioration morale et de développement intellectuel. Il appliquait sa double autorité de chef temporel et de chef spirituel à continuer les louables entreprises de son oncle et en formait de nouvelles. Il fondait des écoles; il organisait à Cetinié une imprimerie, qui a publié une série d'almanachs très-intéressants et plusieurs autres ouvrages.

Doué à un haut degré de l'amour des lettres, du sentiment de la poésie, il ornait sa solitaire demeure des meilleurs écrits de la littérature étrangère; il employait à des essais littéraires ses heures de repos et de loisir. Un voyage à Trieste lui a inspiré une ode d'un caractère imposant, et de l'histoire d'Étienne, le faux Pierre III du Montenegro, il a fait un drame, dans lequel, à côté d'une emphase ou d'une naïveté qui nous sembleraient étranges, éclatent des passages d'une vraie beauté.

Plus privilégié que ses prédécesseurs, Pierre II avait fait des études classiques, mais fort courtes et fort incomplètes. Les connaissances qu'il possédait, il les devait surtout à son penchant pour le travail. Ses maîtres lui avaient indiqué la voie de l'étude; de lui-même il se l'était frayée ; de lui-même il s'était ouvert une avenue dans les routes de l'intelligence ; de lui-même il s'était formé au langage et aux manières des sociétés élégantes. On l'a vu à Pétersbourg, à Naples, à Vienne, tenir très-dignement sa place dans les salons aristocratiques, et tous les voyageurs qui ont eu l'honneur de le rencontrer dans ses États ont gardé de lui le meilleur souvenir.

« Outre sa langue maternelle, dit M. Peaton, il parle le français, l'italien, l'allemand ; il a une grande avidité de science et un grand goût pour les lettres. Engagé fort jeune dans les affaires politiques, il a fait preuve d'une remarquable énergie et d'une remarquable habileté[1]. »

Ses manières, dit M. Wilkinson, sont très-séduisantes, son entretien intéressant et agréable. Ses observations sur l'histoire, sur la politique et sur plusieurs autres sujets qu'il aime à traiter, attestent un grand discernement et une excellente mémoire. Affable, courtois, hospita-

1. *Highlands and Islands of the Adriatic*, t. 1, p. 98.

lier, il aime les visites des étrangers. Par plusieurs actes de son administration, il s'est montré le digne successeur de son oncle. Ni l'opposition qu'il rencontrait parmi quelques-uns de ses intraitables sujets, ni les difficultés de sa position isolée, n'ont pu l'empêcher de poursuivre ses projets avec prudence et fermeté[1].

M. Kohl, l'infatigable excursioniste allemand, à qui nous devons deux très-bons volumes sur les rives de l'Adriatique, et qui a passé plusieurs jours à Cétinié, n'hésite pas à appeler Pierre II un grand homme[2].

En lisant ces éloges que l'on a faits de lui, en me rappelant ce que m'en a raconté un de mes amis, M. le marquis de Salvo, qui avait vécu en Italie dans son intimité, et en regardant les lieux où il vécut, je ne puis écarter de mon esprit une mélancolique réflexion. Si, comme je le crois, cet homme fut réellement grand par la pensée, combien il a dû souffrir dans l'essor de son imagination, au sein de l'igno-

1. *Dalmatia and Montenegro*, t. I, p. 464-47.
2. *Reise nach Istrien, Dalmatien, und Montenegro*, t. I, p. 345.

rante et grossière peuplade où il ne pouvait trouver aucun esprit en harmonie avec le sien, aucun élan sympathique à ses aspirations, aucun écho à la musique de son âme élevée.

On dit qu'un jour, après avoir écrit, à la prière d'une femme, quelques vers sur un album, il ajouta : « Ces vers sont l'œuvre d'un homme civilisé au sein d'un peuple à demi barbare, d'un demi-barbare dans les pays civilisés, et d'un prince de contrebande. » Il dépeignait par là lui-même très-justement sa situation. Nature d'élite isolée au sein d'une sauvage tribu, nature entachée des scories de son origine au sein des raffinements de la civilisation, prince de contrebande, entre la Turquie qui se refuse à reconnaître son indépendance, l'Autriche qui ne la nie ni ne la sanctionne, et la Russie qui l'admet dans son intérêt.

Quiconque porte en soi, à l'écart, l'aiguillon d'une brûlante pensée qu'il ne peut vaincre et à laquelle il ne peut ouvrir un assez vaste espace, me représente le Prométhée antique rongé par son vautour. Plus que tout autre, le pauvre vladika du Montenegro, avec son ardeur intellectuelle, m'est apparu dans la solitude de son existence comme un Prométhée enchaîné sur son Caucase, un Prométhée aux pieds duquel aucune Océanide n'a pleuré.

S'il eût vécu plus longtemps, s'il eût eu, comme son prédécesseur, un règne d'un demi-siècle, il est probable, pourtant, qu'il aurait réalisé plusieurs de ses nobles conceptions. « Nos voisins, disait-il à M. Wilkinson, s'en vont répétant que le peuple du Monténégro n'est qu'un peuple de voleurs et d'assassins. Je veux leur démontrer qu'ils se trompent. Je veux leur faire voir que ce peuple peut, aussi bien que tout autre, marcher et progresser dans les sentiers de la civilisation. »

La mort ne lui permit pas de suivre ses généreux projets. Il mourut en 1851, d'une maladie subite, dans la force de l'âge. Selon l'usage de ses prédécesseurs, il avait choisi pour le remplacer un de ses neveux, ne pouvant avoir, en sa qualité d'évêque, un héritier plus direct.

Ce que sera ce neveu, on ne peut guère le prévoir. Ce que je sais, c'est qu'il y a quelques années, on le voyait à Cattaro, amenant lui-même au bazar, comme les paysans de Niègouss, ses mulets chargés de légumes. Il est vrai que David n'était qu'un simple berger, et que Saül s'en allait à la recherche des ânesses de son père, quand le prophète le déclara l'élu de Dieu. Mais ce que je sais aussi, c'est que le nouveau prince du Montenegro, Daniel Petrovitch, a laissé tomber à l'abandon les écoles fondées par Pierre II et par Pierre I*", que l'imprimerie de Cétinié reste ensevelie sous sa voûte déserte, et que la bibliothèque est oubliée dans son armoire.

Ce que tous les journaux ont appris à leurs lecteurs, c'est que, dès son avénement au pouvoir, le neveu du vladika a demandé à se dépouiller d'une de ses plus puissantes prérogatives, de sa dignité d'évêque, pour n'être plus que le gouverneur civil et militaire de son pays et pour pouvoir se marier.

Selon le vœu exprimé dans le testament de son oncle, il devait se rendre à Pétersbourg pour y faire reconnaître son titre princier. Il en revint au mois de juillet 1852, décoré de l'ordre de Sainte-Anne, de deuxième classe, rapportant pour les chefs des principales familles du Montenegro plusieurs autres décorations et plusieurs médailles d'honneur.

Le sénat avait accepté à la presque unanimité le désir que Daniel lui manifestait d'être délivré de ses fonctions épiscopales ; le gouvernement russe avait ratifié cette résolution.

Daniel inaugurait ainsi son règne, en brisant le pouvoir théocratique établi depuis un siècle et demi dans sa principauté. Pour l'inaugurer d'une façon plus éclatante, il est parti à l'improviste de Cétinié, et a pris et saccagé la forteresse albanaise de Zabliak.

De là une nouvelle guerre avec les Turcs ; de là une rumeur européenne.

Ici s'arrête mon récit historique. Je croirai avoir fait une tâche assez méritoire si, en courant de bataille en bataille, j'ai pu tracer une esquisse suffisamment exacte du passé des Monténégrins, et je n'éprouve pas le moindre penchant à me hasarder dans les prévisions de leur avenir.

VI

STATISTIQUE. — ADMINISTRATION

VI.

STATISTIQUE. — ADMINISTRATION.

Le territoire monténégrin a la forme d'un cœur, un vrai cœur de roche, dont l'Albanie, la Bosnie, l'Herzégovine n'ont pu, depuis deux siècles, ni par leurs promesses, ni par leurs menaces, faire fléchir les rigueurs. Défendu de tous côtés par de hautes montagnes, il s'ouvre seulement du côté de l'Albanie par la vallée de la Kutschka. D'autres montagnes le traversent dans presque toute son étendue. Des chaînes de rocs le divisant en plusieurs parties, forment la limite naturelle de ses différents districts, servent d'appui et de rempart à ses villages. En certains endroits, ces rochers avec leurs vives arêtes, leurs pointes aiguës et leurs profondes fissures présentent l'aspect d'un lac pétrifié. Ailleurs, à les voir dans leurs rugueuses ramifications se dérouler comme un réseau à la surface du sol, on dirait les racines d'une végétation titanique mises à nu par un cataclysme.

De ses montagnes septentrionales descendent plusieurs rivières, qui toutes tombent dans le lac de Scutari. La principale est la Moratcha, à laquelle se rejoignent la Zeta, la Sitniza, la Zerna. Il y a aussi un petit lac dans le district de la Kutschka, un autre dans celui du Rietschka. Hors des rives de ces lacs, de ces ruisseaux, de ces rivières, le pays est tellement dépourvu d'eau que la plupart de ses habitants n'ont d'autre moyen de s'en procurer que d'amasser l'eau des pluies dans des citernes, et que parfois, en été, ils ont bien de la peine à abreuver leurs bestiaux.

Une terre ainsi constituée ne peut être une terre féconde. Par sa position géographique (entre le 42° 10' et le 42° 56' de latitude), elle jouit cependant des rayons d'un soleil généreux. La neige qui s'amasse en hiver sur ce haut plateau disparaît rapidement aux premières chaleurs du printemps et ne reste que dans les crevasses profondes des rocs les plus élevés. A travers ces innombrables circonvallations d'âpres collines et de masses de pierre, partout où se trouve une couche de terre végétale, elle est cultivée avec soin. Sur les pentes de quelques montagnes et dans les vallées, s'épanouissent la plupart des arbres qui décorent nos campagnes de France, le chêne, le hêtre, le pin, le peuplier et quelques arbres à fruits, tels que le noyer et le poirier. Dans l'intérieur du pays, le laboureur tire de ses champs de l'orge, de l'avoine, du maïs, des pommes de terre, et une quantité de légumes. Dans les districts voisins du lac de Scutari, on trouve la variété de productions d'une fertile terre méridionale. Là, le maïs grandit à une hauteur extraordinaire; là, verdoient à la fois l'olivier, le figuier, l'amandier, l'oranger. Là, enfin, on fait une précieuse récolte de vin et de tabac. Les habitants de ces districts sont les plus riches du pays et les seuls qui aient quelque peu progressé dans la pratique de l'agronomie.

Les Finlandais mesurent la distance d'un endroit à l'autre par la durée d'une pipe : tant de pipes, tant de lieues. Les Monténégrins qui, dans les péripéties de leur vie belliqueuse, ne sont jamais parfaitement sûrs de fumer en paix leur pipe, mesurent l'étendue de leur principauté par la longueur de leur marche. Six jours environ, disent-ils, pour le traverser du sud au nord ; quatre à cinq jours de l'est à l'ouest[1]. C'est là leur procédé géométrique. On les jetterait dans un grand embarras si on essayait de leur en expliquer un autre. Autant qu'on peut en juger d'après les renseignements recueillis à cet égard, la surface entière du Montenegro doit être de quatre-vingts à quatre vingt-dix lieues carrées.

Cette surface est occupée par une population de cent vingt mille âmes, dans laquelle vingt mille hommes sont toujours prêts à prendre les armes. En cas de besoin, les vieillards, s'adjoignant aux jeunes gens, augmenteraient de plus d'un tiers cette vigoureuse armée. En une crise générale, les femmes et les enfants combattraient avec les hommes.

1. Boué, *La Turquie d'Europe*, tome I, page 7.

Le pays, divisé primitivement en quatre districts ou *nahias,* en compte à présent huit, dont voici les noms : Katunska, Cjermnitschka, Rietschka, Liesanska, Bielopavlitch, Piperi, Moratschka, Kutschka.

Chacune de ces nahias est divisée en plusieurs *pleminas*, dont le nom signifie race, famille[1]. Les pleminas ne sont en effet que des établissements de familles. L'aïeul est venu s'établir dans une enceinte de coteaux où il trouvait à la fois un asile assuré dans ses idées de fière liberté, et un moyen de subsistance, quelques pâturages pour ses bestiaux, et quelques parcelles de sol à cultiver. Il a construit ses domaines au pied d'un roc. Il s'est habitué à avoir toujours avec lui ses armes pour le défendre. Peu à peu sa progéniture s'est répandue autour de lui, a défriché de nouveaux terrains, bâti de nouvelles demeures et formé une communauté dont les différents membres se relient comme les rameaux d'un arbre à une même tige, portent le même nom générique, et se distinguent

---

1. *Striaps-Prosapia.* Dictionnaire serbe de Vuk Stévanovitch.

seulement l'un de l'autre par leurs prénoms. Cette histoire est celle de toutes les colonisations, depuis le temps d'Abraham jusqu'aux *Nybyggare* du nord de l'Europe et aux Settlers actuels de l'Amérique. Mais, par leur profond isolement, ces communautés du Montenegro ont conservé leurs coutumes patriarcales, et par leur espèce d'internement en trois peuplades hostiles, elles ont non-seulement gardé, elles ont développé leur nature guerrière.

Là, le gouvernement de la maison est tout entier abandonné au père de famille. On l'écoute avec respect, on accepte ses ordres avec soumission; on l'appelle le Gospodar. Le village a pour chef immédiat celui qu'on nomme l'ancien, le *stareschina*. Là, dans chaque district, des familles ont été investies, à une époque indéterminée, d'un titre et d'une fonction qu'elles ont conservés d'âge en âge. A celle-ci appartient la dignité de knes ou prince d'un canton; à une autre celle de voivode ou commandant; à une autre encore celle de bairaktar ou porte-étendard. Chacun de ces titres est consacré par un tel principe héréditaire, qu'à défaut d'enfants mâles il revient de droit à la fille, qui l'apporte en dot à l'homme qu'elle épouse.

Par ses diverses institutions, le Montenegro présentait à la fois, il n'y a pas longtemps, les quatre formes primitives de gouvernement : pouvoir théocratique du vladika, pouvoir patriarcal des pères de famille, pouvoir féodal des knes et des voivodes, et enfin le pouvoir démocratique des assemblées.

Les affaires de chaque communauté étaient réglées par ses propres habitants; celles d'un district par les délégués des différents villages; celles de tout le pays par une diète générale, à laquelle présidait l'évêque. Là, comme dans les petits cantons suisses, chaque paysan avait le droit d'émettre son vote, et la question mise en discussion était résolue à la pluralité des voix. Là, comme dans les tribus des Hurons, des milliers d'hommes réunis en plein air, assis sur le sol, combinaient, en fumant le calumet, le plan d'une expédition guerrière. Là, comme dans les anciennes réunions annuelles de l'Islande, au milieu des rocs de Thingvallir, on ne délibérait point seulement sur les intérêts matériels du pays, on jugeait les procès. L'assemblée évoquait devant elle les causes graves, s'érigeait en jury, et la loi traditionnelle suppléait au code écrit. Dans ces Champs de Mai du Monténegro, l'autorité des chefs était très-neutralisée, sinon complétement annulée par l'ascendant de la majorité, et du conflit des haines et des affections individuelles résultaient souvent en matière judiciaire de graves désordres. Tout accusé trouvait dans sa communauté d'ardents défenseurs, et si sa sentence était prononcée, une sentence de mort pour un crime avéré, personne n'osait l'exécuter. La famille du condamné menaçait d'une implacable vendetta quiconque aurait l'audace d'accomplir cet arrêt. La même vendetta armait le bras de ceux qui avaient à se plaindre d'un vol ou à gémir d'un meurtre. A défaut du châtiment légal, ils poursuivaient par la violence la réparation du crime impuni. La vendetta remplaçait la libre, imposante action de la justice; la vendetta dominait la loi. Dans son élan passionné, dans son principe de solidarité d'affection, elle entraînait en une même cause les parents, les amis de l'offensé, souvent tout un village, quelquefois tout un district. De là des attaques impétueuses et des représailles d'où naissaient de nouveaux germes de haine et de nouvelles raisons d'expiation. « Semez le vent, et vous récolterez la tempête. » Par l'enfantement et la propagation de leurs dissensions, les Monténégrins justifiaient cette sentence. Nous reviendrons sur ces associations de vendettas, l'un des traits les plus caractéristiques du Montenegro.

Le vladika Pierre I*er* voulait remédier à ce funeste état de choses. L'œuvre qu'il avait commencée, son successeur Pierre II l'acheva.

Dans ses graves projets de réforme, Pierre II n'avait point à redouter la puissance des knes et des voivodes. Les familles investies de ces titres nobiliaires ne s'étaient point fait une position à part comme celle de nos seigneurs au moyen âge. Sur leur pauvre terre, elles ne s'étaient point enrichies comme le duc de Milan ou les patriciens de Venise. Dans leurs cantons, elles n'avaient point établi de vasselage, dans leurs tribus belliqueuses, elles devaient combattre comme leurs frères d'armes, et comme eux se signaler par leur courage. En un mot, ce n'était point la *nobility* d'un splendide *peerage*, mais plutôt une *gentry* d'une bonne souche, d'un bon nom, établie au milieu d'une agglomération de paysans, partageant leurs travaux et vivant de la même vie.

Deux familles seulement contrebalançaient la puissance du vladika, celle des Radovitch de Niègouss, qui depuis plusieurs générations transmettait à ses fils aînés le titre de gouverneur civil, et celle des Vukovitch. Toutes deux furent exilées; et Pierre, maître du terrain, constitua son gouvernement comme il lui plut.

Il maintint pour les grandes occasions le droit de réunion et de délibération des diètes générales; mais l'administration civile du pays et l'instruction des causes litigieuses et des affaires criminelles furent confiées à deux corps spéciaux. En premier lieu, un sénat, composé de seize membres; en second lieu, une cohorte de quatre cents fonctionnaires subalternes, espèce de constables ou d'agents de police, chargés de la poursuite des moindres délits et chargés en outre de faire exécuter les arrêts du sénat. De plus, le vladika organisa une garde à cheval, composée de quinze hommes de choix qu'on distingue à la plume flottant sur leur barrette et qu'on appelle pour cette raison *perianiki* (porte-plumes).

A Cétinié, près du cloître, on voit une maison basse, construite en blocs de pierre, sans ciment, couverte en chaume et divisée en deux compartiments. L'une est une écurie, dans l'autre est un banc adossé à la muraille, un foyer près duquel sont rangés quelques siéges. C'est là que les Monténégrins se réunissent. Ils suspendent derrière eux leurs fusils à des crochets, s'asseoient en cercle l'un à côté de l'autre, le poignard et les pistolets à la ceinture, allument leur pipe, et entendent le rapport du secrétaire du prince qui est leur chancelier. Si le prince veut assister à leurs délibérations, le banc de pierre lui est réservé, et, pour qu'il y soit plus commodément, on y pose un sac de laine, comme en Angleterre, pour le chancelier.

Si les sénateurs ont des accusés à juger, c'est là qu'ils les font comparaître; si l'affaire qu'ils ont à traiter doit être longue, on leur fait rôtir un mouton dans leur foyer. Nul d'entre eux ne croira déroger à sa dignité en se levant de sa place pour surveiller les apprêts de son dîner ou attiser les charbons. Le mouton rôti, on le dépèce séance tenante, les sénateurs, comme les dieux de l'Olympe, réglant les destins de leur petit monde en savourant l'odeur de cet holocauste. Les braves sénateurs ne peuvent étaler un grand luxe, ni se livrer à de pompeux festins. Chacun d'eux ne reçoit pour ses fonctions de législateur et de magistrat qu'une somme de deux cents florins par an (environ quatre cent quatre-vingts francs). Le président, qui est un des proches parents du vladika, reçoit douze cents florins. le vice-président, mille, et le secrétaire du prince, qui est à la fois chancelier et ministre d'État, en reçoit huit cents.

En instituant ce tribunal suprême, la pensée essentielle de Pierre II était de réprimer les représailles individuelles, les actes de vendetta, en donnant par une sentence judiciaire une légitime satisfaction à ceux qui avaient à se plaindre d'un délit. En même temps, il essayait de corriger les coutumes barbares de son pays, de remplacer par un mode de châtiment plus humain la loi du talion. D'après la nouvelle législation qu'il a cherché à établir, plusieurs des attentats soumis à la juridiction du sénat peuvent être expiés par un emprisonnement temporaire ou par une amende. Pour une blessure grave, le coupable est condamné à une amende de quatre cents florins. Pour un attentat à la pudeur, c'est le même prix.

Mais il est des crimes qui entraînent encore la peine de mort, et là, en dépit des ordonnances du vladika, subsiste une double difficulté, la difficulté de s'emparer du criminel et la difficulté de mettre sa sentence à exécution.

Souvent un village et plusieurs villages réunis se font un point d'honneur de ne point livrer le meurtrier qui appartient à leur communauté. En pareil cas, la justice en vient à un rigoureux procédé. Elle fait incendier la maison du contumace, elle confisque ses bestiaux. Sans asile, sans ressource, l'*outlaw* s'enfuit hors de ses montagnes, et il en est plusieurs qui, dans cette situation désespérée, ont été chercher un refuge parmi les Turcs. Que si, malgré cette résistance habituelle, le coupable est arrêté, on le conduit en pleine campagne, on le place au milieu d'une centaine d'hommes qui tous doivent tirer à la fois sur lui, de telle sorte que sa famille ne puisse dire à l'un d'eux plus qu'à l'autre : C'est toi qui as tué notre père ou notre frère, tu nous rendras compte du sang que tu as versé.

Tel est, au milieu du xixe siècle, l'état judiciaire du Montenegro.

Pour opérer ses réformes, pour pouvoir donner le traitement le plus modique à ses sénateurs, à ses agents cantonaux, à ses gardes, le vladika avait besoin d'argent; cet argent, il ne pouvait se le procurer que par un impôt, et là se présentait une autre difficulté. Dans leurs traditionnelles pensées d'indépendance, les Monténégrins considéraient l'impôt comme un signe de servile soumission. Quand le vladika se hasarda à aborder cette épineuse question, elle souleva de toutes parts un cri d'indignation : « Quoi ! disaient les fiers montagnards, nos pères ne voulaient point payer le harach, nos pères ont versé leur sang pour s'affranchir de cette humiliation. Nous-mêmes, que de combats n'avons-nous pas soutenus avec la même résolution. Faut-il maintenant que nous soyons soumis par notre propre prince à un autre harach ? »

Par l'ascendant de sa dignité de prélat, par ses sages ménagements, Pierre II parvint cependant à apaiser ce mouvement de rébellion, à faire admettre dans les nahias le règlement d'une contribution territoriale, une contribution qui ferait envier aux marchands de Londres ou aux marchands de Paris la loi fiscale du Montenegro.

Toutes les familles du pays sont divisées dans les cadres du percepteur en quatre classes. Celles de la première classe payent par an pour toute espèce de tribut six florins, les autres quatre, puis trois, puis deux, et il en est beaucoup qui ne payent rien.

Cet impôt si minime et souvent difficile à recouvrer, rapporte au gouvernement environ quinze mille florins par année. Le vladika perçoit en outre un droit sur le sel, sur le poisson, sur la viande sèche, sur le tabac qui en masse s'élève à un millier de florins. Il a des propriétés particulières qu'il afferme pour huit cents florins, et un capital placé à la banque de Vienne et de Saint-Pétersbourg, dont les intérêts sont évalués à quinze mille florins.

Son plus grand revenu lui vient de la Russie, qui lui paye chaque année fort régulièrement quarante-deux mille florins.

Somme toute, le budget de ses recettes s'élève à peu près à soixante-quinze mille florins, et celui des dépenses publiques est fort restreint. Tous les sénateurs et les autres fonctionnaires payés comme ils le sont, il reste encore au prince, pour son usage personnel, environ trente mille florins (soixante-treize mille francs), ce qui en fait dans son pauvre petit pays un opulent seigneur.

VII

MOEURS ET COUTUMES

VII.

MOEURS ET COUTUMES.

Dans les pages précédentes, j'ai indiqué, chemin faisant, quelques traits de physionomie des Monténégrins, je voudrais placer dans un cadre spécial une esquisse des mœurs et du caractère de cette population, une esquisse seulement ! Je ne suis point né en Arcadie, je ne puis dans le sentiment de mon humble force m'écrier : *Anche io son pittore !* et en aucun cas, il ne me sera permis d'aspirer au tableau complet.

Pour cadre à mon esquisse, je prends une cabane monténégrine, et j'essayerai d'en représenter l'intérieur et le mouvement. Par l'image de la vie individuelle, on arrive à celle de la vie générale. L'homme est un atome dans l'existence d'un peuple. Par la peinture de cet atome on peut se faire une idée de la nuée de moucherons à laquelle il appartient. J'en demande pardon à ceux qui dans leur dignité d'homme se trouveraient offensés de cette comparaison. Mais ne sommes-nous pas tous, grands ou petits, dans le perpétuel tourbillon de l'humanité, de pauvres moucherons flottant au vent de la vie, éclairés un instant par un rayon de soleil et noyés dans une goutte de pluie?

Donc nous voici dans un village monténégrin, c'est-à-dire dans un cordon d'habitations éparses, adossées à un rocher ou égrenées le long d'un coteau, et nous nous arrêtons au hasard devant la première qui se présente à nous. Nul architecte n'en a dessiné la façade, et le maçon qui l'a construite ne s'est pas inquiété de la rectitude de ses angles. Des pierres posées l'un sur l'autre, tant bien que mal, jusqu'à une hauteur de huit à dix pieds, en forment les quatre murs. Un toit en chaume la recouvre. Le toit en tuile est une exception.

Pour entrer là, il n'est pas besoin de tirer le bouton d'une sonnette ou de faire retentir un marteau. La porte est presque constamment ouverte. La porte tient lieu de fenêtre et de cheminée. C'est par là que l'air et la lumière pénètrent; c'est par là que s'échappe la fumée du foyer. Il se peut que cette habitation soit divisée en deux pièces ; le plus souvent il n'y en a qu'une sans carreaux, sans plancher, sans lambris. Au milieu est une excavation de quelques pieds de largeur. C'est le foyer. C'est là, qu'on se chauffe et qu'on fait cuire les aliments. Autour de ce foyer, pareil à ceux que nos bergers se font en automne dans les champs, sont quelques siéges en bois rustiquement taillés. Çà et là on aperçoit quelques vases en terre, quelques corbeilles où sont placées les provisions, un ou deux bahuts. C'est tout le mobilier. A ceux qui n'ont point de vêtements il ne faut point d'armoire. A ceux qui restent nuit et jour habillés, il ne faut point de glace, et l'enfant qui vient au monde dans ce réduit n'a point à redouter l'accident arrivé à la naissance de Tristram Shandy. Il n'y a là ni montre, ni pendule à remonter. Le Monténégrin mesure comme l'Arabe la durée des heures par le cours des astres.

Dans cette étroite clôture, dans cette pièce unique, on peut voir réunis par plusieurs mariages successifs, plusieurs familles, quinze, vingt personnes peut-être, vivant ensemble sous l'autorité du vieillard qui garde autour de lui sa progéniture, tant que son nid est assez grand pour les contenir. Lui-même règle avec un pouvoir absolu les affaires de la maison; lui-même dispose de la main de ses fils et de ses filles.

Sans consulter le goût ou l'inclination de son fils, quand il le voit en âge de se marier, sans même lui faire connaître la fiancée qu'il lui destine, il va trouver le père de celle qu'il a choisi et lui expose sa demande en lui offrant un verre de vin. Si le vin est accepté, l'union est résolue. Le mariage se célèbre en grande pompe, par une quantité de détonations de coups de pistolet et de coups de fusil. Les noces durent quelquefois huit jours. Puis la famille, qui dans cette circonstance solennelle à tué plusieurs moutons et vidé plusieurs tonnelets de vin, rentre dans la sévérité de son régime accoutumé : des galettes de maïs cuites sous la cendre, des pommes de terre bouillies, de temps à autre un peu de viande fumée, tel est le menu de la semaine, et la loi des jours de carême, si nombreux dans la religion grecque, est fidèlement observée.

Dans la famille où elle vient d'entrer, la jeune femme continue la vie de patience, d'humilité et de labeur, à laquelle, dès son bas âge, elle a été habituée chez ses parents. L'homme, paré de ses armes, croit assez faire pour la communauté en se tenant prêt à tout instant à partir pour une expédition guerrière, et rejette comme une occupation indigne de lui tout travail manuel. C'est de sa part une œuvre très-méritoire, lorsqu'en pleine paix, quand nulle rumeur de combat, nulle nouvelle de razzia n'arrive jusqu'à lui, il daigne s'appliquer à la culture de ses champs. Le plus souvent ce sont les femmes qui bêchent elles-mêmes le sol, l'ensemencent et en recueillent la moisson. Ce sont elles aussi qui façonnent une partie des vêtements, la robe en laine, les bas et la strukka. Quelques-unes s'aventurent à broder sur les manches de leurs chemises des bouquets de fleurs en fil rouge et bleu. Ce sont les ouvrières par excellence, les artistes, les Arachné de la contrée. Quant au

Monténégrin, il ne peut pas même fabriquer les armes dont il est si fier et dont il fait un si fréquent usage. Au besoin, peut-être, il trouvera un moyen de les réparer; au besoin, il réussira aussi à se fabriquer un peu de poudre. Là se borne son industrie. Il a un profond mépris pour toute autre œuvre d'artisan. Le tailleur, dit-il, fait un métier de femme, et, dans son ignorance, le forgeron lui apparaît comme l'ingénieux Wieland dans les vieilles traditions du nord, avec une teinte de sorcellerie.

Avec son indolence d'agronome et son défaut d'industrie, la peuplade monténégrine ne peut pas être riche. Ceux d'entre elle qu'on appelle les riches pourraient bien être rangés parmi les pauvres dans plusieurs de nos provinces. Si un orage anéantit la récolte, si une épidémie se répand parmi les bestiaux, c'est un désastre dont les États voisins ressentent infailliblement le contre-coup. En pareil cas, plusieurs familles émigrent, qui de ci, qui de là, quelquefois jusqu'en Servie; d'autres plus hardies cherchent dans une aventureuse razzia une compensation à leur infortune. Chaque fois que la montagne

Noire est atteinte par une de ces calamités, les habitants des bords du golfe de Cattaro doivent veiller avec soin sur leurs propriétés, et les gens de l'Herzegovine doivent se tenir plus que jamais en garde contre une subite irruption.

Le bétail est la principale ressource des Monténégrins. Ils peuvent vendre aussi divers produits de leurs champs et des poissons qu'ils tirent du lac de Scutari, et des bois de teinture qu'on appelle dans le pays *rugevina* (italien *scotano*), que les navires du golfe transportent jusqu'à Marseille.

Le tableau suivant de leurs ventes et de leurs achats, à Cattaro, dans le cours d'une année, donnera une idée plus nette de leur situation agricole et mercantile que plusieurs pages de dissertation.

Exportation du Montenegro.

500 têtes de gros bétail, 2000 moutons, 600 quintaux de mouton fumé, 200 quintaux de poisson, 2000 tortues, 1000 porcs, 20 quintaux de chair de porc, 10 quintaux de cire, 30 quintaux de laine, 80 quintaux de suif,

2000 peaux de mouton, 2000 mesures de blé, 2000 mesures de légumes, 8000 pièces de gibier, 3000 quintaux de pommes de terre, 15 000 quintaux de bois de teinture, 10 000 charges de bois à brûler, 300 charges de glace.

Importation.

2000 barils de vin, 500 barils d'eau-de-vie, 29 barils d'huile, 2000 aunes de toile, 1000 calottes en laine, 1000 barrettes rouges, 2000 fichus, 500 couvertures de lit, 30 000 paires de bas, 10 quintaux d'ustensiles en cuivre, 30 quintaux de fer, 1 quintal de cierges, 20 quintaux de riz, 5 quintaux de morue, de la poudre, du sucre, du café, des armes en nombre indéterminé.

En somme, le chiffre des exportations des Monténégrins est beaucoup plus élevé que celui de leurs importations, et il y a tout lieu de croire que plusieurs d'entre eux mettent à l'écart chaque année un bon nombre de zwanziger, car ils ne connaissent que le zwanziger et rejettent dédaigneusement les florins en papier qui ne sonnent point à leur oreille.

Ce sont les femmes qui transportent toutes ces denrées, tandis que l'homme les suit tranquillement, les pistolets à la ceinture et la pipe à la main. Il n'est pas rare de voir ces pauvres femmes mettre sur leur tête ou sur leurs épaules une charge de cent à cent trente livres. Avec ce fardeau elles marchent d'un pied léger par les rudes sentiers de leurs montagnes, et gravissent et descendent gaiement les rocs escarpés. A certains endroits seulement, là ou s'étendent sur une pente inclinée de larges dalles, si elles ont devant elles une mule, elles prendront des deux mains la queue de cette mule, et se laisseront glisser avec elle jusqu'à l'extrémité du passage difficile.

Ces femmes qui sont condamnées à une si rude tâche, ces femmes sur lesquelles pèse, on peut le dire, tout le poids de l'existence, et qui gardent tellement envers l'homme la conscience de leur infériorité, que lorsqu'elles s'approchent de lui, c'est pour lui baiser humblement la main; ces femmes sont cependant entourées d'un vrai sentiment de respect. Chacune d'elles peut voyager sans crainte de nuit comme de jour par les routes les plus désertes du Montenegro. Personne n'osera leur faire la moindre injure. Il y va de la vie pour quiconque leur adresserait une parole offensante. Non-seulement elles sont ainsi protégées par les mœurs de la tribu, mais elles protégent celui qui les accompagne. Pour l'étranger qui parcourt le Montenegro, une simple femme est la plus sûre escorte.

Ces braves femmes de la montagne Noire! avec les allures que leur donne leur pénible travail, elles ne sont pas gracieuses; avec leurs grossiers et sales vêtements, elles ne sont pas séduisantes. Avec leur ignorance, et dans leur état de servilité, il ne leur est pas permis d'aspirer aux honneurs du beau langage, à la vanité du blue stocking. Mais Shakspeare n'aurait pu leur appliquer sa cruelle sentence : *Woman, thy name is frailty*. Sheridan n'aurait pu en conscience placer une de ces timides, honnêtes créatures dans son *École du scandale*, et si jamais le roi poëte, le roi artiste, le charmant roi François 1er s'était égaré, dans une de ses chevaleresques expéditions, jusqu'au sommet du

Montenegro, il n'aurait pas trouvé là l'occasion d'écrire avec un diamant sur une vitre :

> Toute femme varie,
> Bien fol est qui s'y fie.

Ces braves femmes ne varient pas, et on peut s'y fier. Dès leur enfance elles sont élevées à une sévère école, à l'école du travail et de la résignation. Nos nouvellistes seraient obligés d'inventer une étrange fable pour pouvoir les faire entrer d'une façon quelque peu plausible dans une des scènes d'amour où ils se plaisent à répandre les lilas et les pervenches, les rayons d'or et les nuages de leur imagination. Un amour romanesque est dans ce pays de nature farouche, chose si rare qu'on ne le cite dans les chants populaires que comme un fait merveilleux, et une faute, ce que nous appelons dans nos régions civilisées une faute de cœur, une faute que quelques-uns plaignent, dont beaucoup sourient, entraîne ici un arrêt de mort.

Ces braves femmes ! Elles méritent la considération que les fiers Monténégrins leur accordent, elles la méritent bien par leur modestie, par leur dévouement. Humbles et fidèles compagnes de l'homme, asservies à sa rigoureuse omnipotence, elles pénètrent pourtant dans son cœur bardé de fer par la vertu de leur douceur ; elles l'émeuvent par leur dévouement : elles s'élèvent même jusqu'à sa guerrière hauteur par leur courage. Dans les occasions graves, on les a vues quitter intrépidement leur foyer pour s'associer aux dangers de leurs frères, de leurs maris. Si elles ne combattaient pas avec le fusil ou le handjar, elles aidaient du moins au combat. Dans le voyage que je viens de faire, j'en ai rencontré plusieurs qui, au péril de leur vie, portaient des sacs de cartouches et des sacs de balles aux soldats de leur communauté, luttant contre les Turcs sous les murs de Zabliak.

Les traditions monténégrines signalent plusieurs actes de bravoure des femmes. En voici un que je prends textuellement dans un chant populaire intitulé : *la Femme du Montenegro*.

« Un haiduk s'écrie : Ah ! je suis maudit ! Pauvre Stanitscha, je t'ai vu tomber sans pouvoir te venger. Au fond de la vallée, une femme entend ces paroles, et elle apprend que son mari est mort.

« Aussitôt elle prend ses armes; elle poursuit par le vert sentier les Turcs qui ont tué son époux, quinze Turcs, à la tête desquels est Tschengitsch-Aga.

« Elle arrive jusqu'à l'aga et lui lance une balle dans le cœur, et lui coupe la tête, et l'emporte glorieusement dans son village.

« Alors Fati, veuve de Tschengitsch, écrit à la veuve de Stanitscha : Affreuse chrétienne, tu m'as arraché les deux yeux, tu as tué mon époux. Si tu es une vraie Monténégrine, viens demain seule sur la frontière; je serai là seule aussi, et nous combattrons l'une contre l'autre, et l'on verra laquelle de nous deux est la plus vaillante.

« La chrétienne se dépouille de sa robe de femme; elle prend les vêtements, les pistolets, le yatagan de l'aga, s'élance sur le bon cheval qu'elle lui a enlevé.

« Puis elle se met en marche, et au détour de chaque sentier, et près de chaque roche elle s'écrie : Mes frères du Montenegro, ne tirez pas sur moi; je ne suis pas un Turc, je suis une fille de la montagne Noire.

« Mais lorsqu'elle est sur la frontière, elle s'aperçoit que la perfide musulmane s'est fait accompagner d'un soldat monté sur un puissant cheval noir.

« Elle se précipite intrépidement à la rencontre de cet homme, elle lui lance deux balles dans le cœur, elle lui coupe la tête.

« Puis elle s'empare de la lâche musulmane et l'emmène dans sa demeure pour bercer ses petits enfants; et, après l'avoir employée quinze ans à son service, elle lui rend la liberté. »

L'existence à laquelle la femme du Montenegro est astreinte altère bientôt la fraîcheur de sa jeunesse, lui ride, lui bronze le visage et, en revanche, lui donne une force extraordinaire. Près de devenir mère, cette femme continuera tranquillement, s'il le faut, ou ses longues marches, ou quelque autre de ses travaux. En pleine campagne, loin de tout aide et de tout secours, saisie par les douleurs de l'enfantement, si elle s'affaisse dans son effort, ce ne sera qu'un instant. Bientôt elle se relèvera, enveloppera son enfant dans un pan de sa robe et l'emportera chez elle. Que si elle vient à tomber malade, il faut qu'elle souffre patiemment son mal, en attendant qu'il plaise à Dieu d'y mettre fin. Il n'y a, dans tout le pays, pas un médecin et pas une apparence de pharmacie. Les Monténégrins s'entendent seulement assez bien, dit-on, à panser les plaies. Quant aux autres accidents, ils les traitent, pour la plupart, avec des infusions d'eau-de-vie. Ils sont, du reste, malgré leur christianisme, superstitieux, fatalistes comme les Turcs. Ils croient que le moment précis de leur mort étant fixé d'avance, ils essayeraient en vain de le retarder. De là vient une partie de leur intrépidité dans les expéditions. Si c'est là, se disent-ils, qu'ils doivent périr, nulle timide précaution ne les sauvera, et si leur jour n'est pas encore venu, ils peuvent se jeter sans crainte au-devant des balles.

A côté de la génération qui s'est élevée dans ces rudes habitudes et cette ardeur guerrière, la génération nouvelle grandit de la même sorte dans le même éloignement des idées de civilisation.

Au fond du nord, en pleine Laponie, on rencontre des prêtres éclairés, des hommes qui ont fait de sérieuses études à l'Université d'Upsal ou de Christiania, qui, dans leur vie courageuse de missionnaires, dans leur existence nomade, s'en vont d'habitation en habitation répandre les germes de l'instruction. Sous la tente enfumée de la famille laponne, il y a des livres élémentaires, il y a des enfants qui apprennent à les lire.

Dans le Montenegro, rien de semblable. Pas un établissement d'éducation, pas une corporation de maîtres. Pierre II avait fondé deux petites écoles ; déjà elles sont abandonnées, et son successeur ne paraît pas songer à les relever de leur rapide décadence. Il existe dans le pays environ quinze moines et deux cents prêtres, mais ces hommes ne sont pas en état de se faire les instituteurs de leur communauté. Les plus habiles d'entre eux ne connaissent que leur rituel, et il en est un grand nombre qui ne savent pas même lire. Fils de popes, ils ont appris de leur père la pratique des cérémonies religieuses ; ils ont reçu avec cette science la consécration du vladika et sont devenus popes à leur tour. Au reste, ils vivent de la même vie que les autres Monténégrins, cultivent leurs champs, vont vendre à Cattaro leurs bestiaux, et, le pistolet à la ceinture, le fusil à la main, conduisent eux-mêmes leurs paroissiens à la razzia. Il en est qui, pour augmenter leurs ressources, se font cabaretiers et débitent à tout venant flacons de vin et flacons d'eau-de-vie, sans s'inquiéter des principes de tempérance qu'il est de leur devoir d'enseigner. Vêtus comme les paysans de leur village, et comme eux toujours armés, ils déposent seulement leurs armes à la porte de la chapelle, quand ils vont célébrer l'office divin, mais se hâtent de les reprendre dès qu'ils l'ont achevé.

Donc, il faut rayer de la vie du jeune Monténégrin toute étude littéraire, toute notion scientifique, tout, jusqu'au plus simple livre de lecture, jusqu'à l'abécédaire de cette riche, sonore, mélodieuse langue serbe, qui est sa langue maternelle. Mais ses yeux et son intelligence s'éveillent à la vue des armes suspendues aux parois de la cabane ou brillant à la ceinture de son père. Dès son bas âge, il portera un poignard à la courroie qui lui serre les flancs. Au-dehors de sa demeure, il s'exercera à sauter des fossés, à lancer en l'air de lourdes pierres. Au dedans, il s'essayera à porter, à manier le fusil de son père. Assis en silence à son foyer, il entendra raconter les luttes glorieuses de sa tribu, les batailles dans lesquelles sa famille elle-même s'est signalée. Il écoutera les éloges pompeux que l'on donne aux braves, et les termes de mépris dont on flétrit ceux qui fuient le sort des combats. Puis de temps à autre viendra l'homme à la guzla, le scalde du district, l'Homère ambulant de la peuplade primitive, qui, par ses chants, donnera une nouvelle émotion à cette enfantine imagination. C'est là son éducation, c'est là sa poésie et ses chroniques. C'est là le mobile de sa pensée et la première conception de sa destinée. Que si sa famille a subi une injure, que si elle garde le souvenir d'un attentat qui n'a point encore été suffisamment châtié, c'est bien une autre histoire, une histoire qu'il entendra narrer dans ses moindres détails avec une ardente animation, qu'on lui répétera à diverses reprises depuis le commencement jusqu'à la fin, qu'on lui infusera comme une violente boisson, goutte à goutte dans la mémoire, avec le sentiment d'une perpétuelle récrimination et le rêve sanguinaire de la vendetta.

La loi de la vendetta, c'est l'ancienne loi du talion : œil pour œil, dent pour dent, la sauvage expression de l'homme qui dans l'impétuosité de sa passion s'érige lui-même en juge de son offense, l'instinctive conception d'une idée d'expiation, le code individuel des sociétés primitives, avant le code collectif des peuples policés.

Les sociétés barbares qui faisaient entrer cette loi cruelle dans leurs mœurs l'ont peu à peu repoussée, effacée, abolie à mesure qu'elles arrivaient à un plus haut degré d'intelligence et par là à de plus rationnels moyens d'ordre et d'équité.

Les Monténégrins l'ont conservée dans toute sa plénitude, et, le dirai-je, dans toute sa religion. Oui, ils se font un devoir religieux de ne point effacer sur le marbre de leur pensée l'injure qu'ils ont subie, jusqu'à ce qu'ils aient eux-mêmes rendu cette injure à ceux qui la leur ont infligée, jusqu'à ce qu'ils aient lavé leur tache de sang avec un autre sang.

Il a été dit, il a été imprimé par des écrivains

dont je respecte le talent et dont j'admets pleinement la sincérité, que Pierre II, ce noble vladika, était parvenu à comprimer dans le Monténegro le fougueux entraînement de la vendetta. Je crois que ces écrivains se sont fait sur cette question une trop prompte illusion. Je crois que je suis dans le vrai en relatant un tout autre ordre de choses.

Je suppose un fait dramatique, un fait très-facile à admettre dans l'orageuse existence des Monténégrins. Un homme est tué, soit par accident, soit par intention déterminée. Le meurtrier est découvert, et son nom gravé en caractères ineffaçables dans la mémoire de la famille à laquelle une balle a enlevé un frère ou un époux, dans la mémoire des gens de son village, de son canton. Si l'homme qui a été ainsi frappé d'un coup fatal n'a pas d'enfants, dans le cœur de son frère aîné ou de son plus proche parent, la balle qui l'a fait tomber ouvre par contre-coup une plaie qu'il ne sera pas aisé de fermer. S'il est marié, sa veuve ira lui enlever son vêtement ensanglanté, et d'une main fébrile l'agitera comme une robe de César aux yeux de ceux qui doivent le venger. Si un de ses fils est assez fort déjà pour la comprendre, elle lui dira : « Voici le signe indélébile du crime qui t'a ravi ton père, et là-bas est celui qui a commis ce crime. » Si ce fils est encore trop jeune, elle-même prononcera pour lui le serment qu'un jour il doit accomplir, et le lui fera plus tard formuler de telle sorte qu'il ne pourra l'oublier. « Quel âge as-tu ? demandait-on un jour à un petit Monténégrin. — Dix ans. — Ton père n'est-il pas mort ? — Non, il n'est pas mort, il a été tué. Et moi je le vengerai. Ma mère et mon oncle le pope me l'ont fait jurer. »

Du moment qu'un meurtre a été commis dans ce pays, il y a là deux hommes constamment occupés l'un de l'autre, l'un qui épie l'occasion d'atteindre son ennemi, l'autre qui cherche à l'éviter. Par diverses circonstances, la vendetta peut être retardée pendant des années entières, mais elle est certaine, et si dans un de ces délais le coupable venait à mourir, sa mort n'apaiserait point un inflexible ressentiment, sa dette de sang retomberait sur ses parents. Le Monténégrin et le slave des Bouches du Cattaro, non moins vindicatif que le Monténégrin, n'est pas même sûr, en se réfugiant sur une terre étrangère, d'échapper à l'arrêt qu'il a encouru. Il y a quelques années, un Bocchese, établi à Constantinople, apprend qu'un de ses frères, habitant sur les bords du golfe, a été tué. Il revient dans son pays, sous le prétexte d'y régler quelques affaires d'intérêt, et un soir lance une balle dans la poitrine du meurtrier de son frère. Puis il s'en retourne tranquillement dans sa maison de Constantinople. Peu de temps après, un des parents de celui qu'il avait frappé à mort le suivait dans cette ville, et d'un coup de poignard le renversait à ses pieds.

La vengeance accomplie éveille parmi ceux qu'elle a frappés une autre pensée de vengeance. De représailles en représailles, la lutte individuelle entraîne souvent dans ses fureurs des familles nombreuses, parfois des nahias tout entières. Alors éclate la guerre des clans, alors il s'établit entre les hostiles communautés un compte de plaies, de fractures et de coups mortels, aussi strictement tenu que le livre en partie double du négociant le plus exact : « Nous devons quelques membres cassés à cette nahia, disent les gens d'un district, mais elle nous doit deux têtes, » et jusqu'à ce que ces deux têtes soient tombées, la paix n'est pas facile à faire."

Il y a cependant un autre mode de règlement pour ces terribles comptes de vendetta qui se transmettent comme une créance inaliénable d'une génération à l'autre, et n'admettent aucune faillite. Il y a comme dans les anciennes lois gauloises un tarif en argent pour chaque blessure, pour un membre brisé, pour un coup de tuyau de pipe qui est considéré comme une des plus irréconciliables injures et même pour un cas de mort. Mais il en coûte cher pour arriver par l'emploi de cette taxe pécuniaire à un accommodement, et ce qui coûte le plus aux fiers Monténégrins, c'est bien moins, si pauvres qu'ils soient, la somme qu'ils doivent débourser en pareil cas que les formalités dont ils sont obligés de subir l'humiliation pour opérer leurs transactions. Car, lorsqu'un Monténégrin a commis un meurtre, il ne s'agit pas pour lui seulement de dire à ceux qui s'apprêtent à venger ce crime : La mort d'un homme est évaluée à cent vingt ducats, voici cent vingt ducats, donnez-moi la main, nous sommes quittes. Non, la passion de la vendetta ne s'escompte pas ainsi, et pour en venir à un véritable accord, il faut de longues cérémonies. Il faut d'abord que le meurtrier envoie une députation au plus proche parent de sa victime, pour lui demander une suspension d'hostilité. Cette députation, dont l'entreprise a déjà été préparée d'avance par d'officieux intermédiaires, se compose de gens graves, de prêtres et de vieillards qui, par la dignité de leur caractère, témoignent de l'importance qu'on attache à leur mission.

La trêve étant accordée, le meurtrier doit envoyer à la famille de sa victime d'autres députés, qui vont demander pour lui la liberté de paraître devant elle, afin qu'il acquière par son public amendement son plein et entier pardon. A ces nouveaux délégués sont adjointes des femmes portant sur leurs bras des enfants non baptisés. Les femmes représentent ici le signe pacifique de la branche d'olivier, et elles doivent prier les parents du mort de vouloir bien servir de parrains aux enfants qu'elles tiennent sur leur sein, ce qui est regardé comme un grand témoignage de distinction.

Tous les préliminaires de la paix étant ainsi réglés, le coupable se met en route avec ses parents pour accomplir son dernier acte d'expiation. A la porte de leur habitation sont réunis ceux qu'il a résolu de pacifier. Lorsqu'il arrive devant eux, il tombe à genoux, la face contre terre, portant à son cou le fusil ou le poignard avec lequel il a commis son meurtre. En ce moment, le chef de la famille en deuil hésite encore sur le parti qu'il doit prendre. La vue de celui qui a égorgé son père ou son frère réveille dans son cœur une orageuse pensée. A la flamme qui jaillit de ses yeux, à la contraction de ses traits, on voit qu'il est en proie à une crise douloureuse, qu'il lutte avec peine contre une farouche impulsion.

Cependant, les amis, les vieillards, les prêtres qui l'entourent lui parlent à l'oreille, et le conjurent, au nom de Dieu, au nom de saint Jean, le grand saint de la religion grecque, de mettre un frein à son juste ressentiment. Après quelques instants d'une lutte intérieure plus ou moins vraie, plus ou moins simulée, il s'approche du criminel repentant, lui enlève le fatal instrument de mort et le jette à ses proches, qui aussitôt le brisent en morceaux; puis il donne une affectueuse accolade à celui qui devait être à jamais son ennemi, et l'invite à venir s'asseoir à table avec lui.

Le dîner est préparé d'avance aux frais du meurtrier. On y porte plusieurs toasts à la prospérité des uns, au bonheur des autres, à la perpétuelle union des nahias. Au cinquième toast, le meurtrier dépose dans un vase les quatre cents florins qu'il est convenu de payer, et y ajoute un zwanziger pour chacun des parents de son hôte. Dans l'opinion des Monténégrins, c'est par son témoignage de repentir que l'assassin expie son crime. Son argent n'est reçu que comme une compensation au dommage matériel qu'ils subissent par la perte de l'un d'entre eux, comme un secours obligé pour sa veuve ou ses enfants, et quelquefois même cet argent n'est pas accepté.

Si humiliant que soit dans ses longues formalités cet acte d'expiation, souvent il ne suflit pas pour amortir la vraie traditionnelle pensée de la vendetta, pour dominer les féroces ressentiments du belliqueux Monténégrin.

Un officier russe, M. Broniewski, adjoint, en 1806, à l'expédition de l'amiral Siniavin au golfe de Cattaro, a fait une peinture des Monténégrins dans laquelle il flatte, ce nous semble, un peu trop aux dépens de la France, les alliés de l'escadre du tzar; mais la commémoration de cette guerre a pour nous un intérêt national, et dans l'immuabilité du caractère monténégrin, à cinquante ans de distance, cette peinture est restée si vraie, sauf les détails de circonstances qui s'y trouvent joints, qu'on peut la citer comme une image dessinée de nos jours, au beau milieu des nahias.

Le Monténégrin, dit M. Broniewski, est toujours armé, et jusque dans ses plus pacifiques occupations, porte un fusil, des pistolets, un yatagan et des cartouches. Il emploie ses heures de loisir à tirer à la cible. Dès son enfance, il s'est livré à cet exercice. Dans ses jeux reparaît toujours le cachet de la vie militaire, et il devient un très-habile tireur. Endurci par les fatigues, accoutumé aux privations, il peut supporter aisément les rigueurs d'une longue et pénible marche.

Les Monténégrins, en s'appuyant sur le canon de leur fusil, sautent de larges fossés et franchissent des précipices sur lesquels, pour d'autres soldats, il faudrait nécessairement jeter un pont. Ils gravissent avec une prodigieuse facilité les rocs les plus escarpés, et supportent avec une patience étonnante la soif, la faim et toute autre espèce de souffrances. Quand ils ont mis en déroute une troupe ennemie, ils la poursuivent de telle sorte que par leur célérité ils suppléent à la cavalerie, impossible dans cette région montagneuse.

Comme les chevaliers de Malte, ils sont toujours en guerre avec les Turcs. Constamment en garde dans leurs étroits défilés, s'ils sont attaqués par une troupe si forte qu'ils ne puissent l'arrêter à l'entrée de leur pays, ils brûlent leurs maisons, enlèvent leur récolte, leurs bestiaux, et laissent cette troupe s'avancer dans l'intérieur de leur montagnes, puis tout à coup se précipitent sur elle avec la rage du désespoir.

Dans un cas de péril général pour leur contrée, ils oublient tout sentiment de haine ou d'intérêt personnel, se rallient ensemble à la voix de leur chef, et regardent comme une grâce de Dieu l'honneur de mourir sur le champ de bataille.

C'est dans ces occasions qu'ils se montrent comme de nobles guerriers, mais dans les limites de leur région, ils agissent souvent comme de vrais barbares. Ils apportent, dans leurs expéditions guerrières, des idées que les peuples civilisés frappent de la plus vive réprobation : ils se font une joie de couper les têtes de l'ennemi dont ils s'emparent et n'épargnent que celui qui se rend volontairement. Tout ce qu'il peuvent capturer est considéré par eux comme une légitime propriété, comme une juste récompense de leur courage. Dans leur lutte acharnée, ils se défendent jusqu'à la dernière extrémité et jamais ne demandent merci. Si l'un d'eux est si grièvement blessé qu'il ne puisse se tenir debout, ses camarades lui coupent eux-mêmes la tête pour l'enlever à l'ennemi.

En un des nos combats, dit M. Broniewski,

un des nos officiers étant tombé sur le sol, épuisé de fatigue, un Monténégrin s'approcha de lui et tirant son poignard : « Vous êtes brave, lui dit-il, et vous devez désirer que je vous décapite ; faites un signe de croix, faites votre dernière prière, et en un clin d'œil tout sera fini. » A cette proposition, qui ne lui souriait nullement, l'officier recouvra assez de force pour pouvoir se relever, et le charitable Monténégrin, qui s'imposait le pieux devoir de lui trancher la tête, l'aida à rejoindre son détachement.

Comme les Caucasiens, les Monténégrins se jettent sans cesse sur les terres de leurs voisins pour en enlever le bétail, et considèrent ces rapines comme des actes de chevalerie. Supérieurs par leur nature belliqueuse à toutes les peuplades qui les environnent, ils continuent intrépidement leurs déprédations sans s'inquiéter des menaces du divan, et répandent autour d'eux la terreur.

Des armes, un morceau de pain avec quelques gousses d'ail, un peu d'eau-de-vie, un vieux vêtement et deux paires de grossières sandales, voilà tout ce qu'il leur faut pour entrer en campagne. Ils ne cherchent aucun abri contre le froid ni contre la pluie, et quel que soit l'état de l'atmosphère, ils dorment tranquillement par terre, enveloppés dans leur strukka. Trois à quatre heures de repos leur suffisent; le reste du temps, ils l'emploient à de continuels exercices.

On dirait qu'ils ne peuvent supporter avec calme la vue de l'ennemi, et il n'est pas possible de les tenir dans le corps de réserve. Quand ils ont épuisé leurs cartouches, ils prient un officier de leur en donner d'autres et s'élancent aux premières lignes. Si nul ennemi n'est en vue, ils se mettent à chanter, à danser ou se livrent au pillage. En cela, ils sont passés maîtres, quoiqu'ils ne connaissent pas les noms imposants de contribution, réquisition, emprunt forcé. Ce qu'ils font, ils l'appellent simplement pillage et n'hésitent pas à l'avouer.

Voici quelle est habituellement leur façon de combattre. S'ils sont en grand nombre, ils se cachent dans des ravins et envoient en avant des tirailleurs qui attirent l'ennemi dans une embuscade; là, ils le cernent et l'attaquent avec le glaive plutôt qu'avec l'arme à feu, car ils comptent sur leur force et leur bravoure. S'ils sont en petit nombre, ils se portent sur les rocs élevés et appellent leurs adversaires au combat en les injuriant. C'est par surprise et pendant la nuit, qu'ils aiment à faire leurs expéditions. Si faible que soit leur cohorte, ils finissent par fatiguer l'ennemi en le harcelant constamment. Aux postes avancés, les meilleurs voltigeurs français étaient tués par eux, et les officiers étaient obligés de garder leurs soldats sous la protection du canon dont les Monténégrins n'aimaient pas à s'approcher. Cependant ils finirent aussi par le braver, et, soutenus par l'infanterie russe, se jetèrent sur les batteries.

La tactique principale du Monténégrin est de se poser en tirailleur. Masqué par une pierre, par un arbre, par le bord d'un ravin, penché sur le sol, il échappe aux balles de son antagoniste, et jette le désordre dans une troupe régulière par ses rapides et adroits coups de fusil. Tous les Monténégrins ont une rare habileté à mesurer d'un coup d'œil les distances et à choisir un terrain avantageux. Ils combattent ordinairement en se retirant, et les Français, trompés par cette fuite apparente, tombaient souvent dans une embûche. On peut dire qu'ils flairent l'ennemi : ils le découvrent à une distance où l'on peut à peine, à l'aide d'une longue vue, reconnaître ses mouvements. Leur étonnante intrépidité triompha souvent de la fermeté des vieux bataillons de France. Ils les attaquaient en face, sur les flancs, et réussissaient à les rompre en s'abandonnant à l'impétuosité de leur courage, sans se laisser effrayer par la décharge d'une infanterie redoutable. Deux d'entre eux ayant été faits prisonniers, le général Lauriston voulait les envoyer à Paris ; mais l'un d'eux se brisa la tête contre un mur, et l'autre se laissa mourir de faim.

« Hors de leurs montagnes, ajoute M. Broniewski, les Monténégrins sont cependant pour une troupe régulière de très-incommodes auxiliaires. Comme ils ont l'habitude de tout détruire par le fer et par le feu, ils ne peuvent rester longtemps en campagne. Par leur défaut d'ordre, ils nous enlevaient le succès qu'ils nous aidaient à remporter par leur courage. Pendant le siége de Raguse, il ne fut pas une seule fois possible de savoir combien d'entre eux étaient sous les armes. Les uns s'en allaient dans leurs montagnes, emportant leurs dépouilles; d'autres venaient prendre leur place, et après avoir combattu pendant quelques jours avec une prodigieuse ardeur, s'en retournaient aussi pour mettre en sûreté quelque misérable butin dans leur demeure. Avec eux, il est impossible de songer à une expédition lointaine, impossible de songer à une entreprise importante; mais comme tirailleurs, par la justesse de leur coup d'œil, par la célérité avec laquelle ils chargent leurs armes, ils peuvent rendre les plus grands services. Au nombre de cent ou cent cinquante, ils ne craindraient pas d'attaquer, en se dispersant de côté et d'autre, une colonne de mille hommes.

« Dans une bataille, on ne peut suivre de l'œil leurs manœuvres que par le mouvement de leurs étendards. Quand ils ont découvert le côté faible de la disposition d'une légion, ils se l'annoncent l'un à l'autre par des cris perçants, se rallient à ce signal et se précipitent avec fureur sur le point vulnérable, puis reviennent de cette attaque, poussant d'autres cris et portant suspendues à leur cou les têtes qu'ils ont coupées. C'est un effroyable spectacle. »

A ce tableau de la peuplade belliqueuse, M. Broniewski a oublié d'ajouter un trait qui, à lui seul, est toute une scène d'un étonnant caractère. Quand un Monténégrin est mécontent de la conduite de son fils : « Malheureux, lui dit-il, en le regardant avec une douloureuse appréhension, tu seras puni de tes vices et de ta désobéissance, tu mourras dans ton lit. »

VIII

LES CHANTS SERBES

VIII.

LES CHANTS SERBES.

Sur la rive droite du Danube, au confluent de la Save, s'élève une ville d'une physionomie étrange, une ville où deux pouvoirs ennemis s'abritent à la fois, depuis plus de quatre siècles, où deux peuples profondément séparés l'un de l'autre par leur origine, par leur langue, par leurs mœurs et leur croyance, par la longue traînée de sang de leurs nombreux combats, par tout ce qui peut creuser entre deux familles humaines un éternel abîme, campent sur le même sol et respirent le même air. C'est Belgrade. (Bieluigrad) la ville blanche, blanche dans la rêverie idéale de ses poëtes, sombre dans son histoire, noircie par la poudre du canon, dévastée par le fer et le feu de ses conquérants, ensevelie à plusieurs époques sous un voile de deuil, et maintenant plus calme mais non moins étonnante par les contrastes réunis dans son enceinte. D'un côté, le bazar turc avec ses marchands accroupis sur les talons; la mosquée avec ses imans, la citadelle gardée par quelques vieux canons, habitée par un pacha. D'un autre côté, le quartier serbe, le palais du prince, construit et meublé comme une élégante maison de Paris, les hôtels nouvellement fondés, qui, dans l'orgueil de leur jeunesse, se flattent d'imiter les grands hôtels de Prague ou de Vienne; les rues animées par une population qui présente un singulier mélange de caractère oriental et de formes européennes. Ici, les filles du peuple, fidèles à l'ancien costume national, charmantes à voir avec la veste en soie brodée qui leur dessine étroitement la taille, et la guirlande de sequins qu'elles enlacent à leurs tresses de cheveux noirs; là, les femmes des riches marchands ou des hauts fonctionnaires qui s'honorent de suivre les dernières prescriptions du *Journal des Modes*. Ici, les officiers du prince, serrés dans les boutons de l'uniforme russe ; là, les paysans des montagnes, avec leur figure basanée, leurs longues moustaches, leur fusil sur l'épaule et leurs pistolets au flanc, comme si, en amenant leurs denrées au marché, ils se rendaient sur un champ de bataille.

Un soir, dans la citadelle de cette ville, j'assistais, chez le pacha, à un dîner de Ramazan; le lendemain, dans le quartier serbe, à une réception solennelle chez le prince, à une parade militaire, à la pompe d'une fête grecque. A quelques pas de distance, à quelques heures d'intervalle, quelle différence de tableau ! J'avais traversé les rues mornes, silencieuses du quartier turc, escorté par les deux kavasses du consul de France; j'errais le lendemain à travers une foule brillante, au bruit des clairons et des cymbales. De ce double spectacle accidentel, il m'est resté une impression qui maintenant se retrace encore à ma pensée comme un double symbole. Le quartier turc, avec sa chétive industrie, son pauvre temple délabré, sa forteresse dont les canons se rouillent sur leurs affûts, dont les murs se lézardent, m'est apparu comme l'image d'un pouvoir qui s'en va, comme un arbre décrépit qui doit tomber au premier vent. Le quartier serbe, avec sa virile peuplade, ses annales glorieuses, ses récentes institutions, est comme une plante vigoureuse qui, enfonçant ses racines dans le sol où jadis elle s'éleva si haut, où elle fut abattue par le glaive de la barbarie, puise dans ce sol propice une séve féconde et se développe au soleil de la civilisation.

Pour ceux qui n'aiment que les villes illustrées par la science, glorifiées par l'art et la poésie, pour ceux qui ne recherchent que la plus pure atmosphère d'un monde aristocratique, certes, Belgrade, avec son grossier assemblage d'édifices, son informe mélange de population ne sera qu'une cité bizarre et fort peu attrayante ; mais pour ceux qui se plaisent à chercher sous ses divers aspects le caractère d'une nationalité, à observer les premières manifestations d'une liberté renaissante sous le joug qui l'a longtemps comprimée, et le premier essor d'une pensée qui se ravive, la petite capitale de la principauté serbe sera très-intéressante à voir. Là, est un mouvement intellectuel qui, d'année en année, s'agrandit, et, peu à peu, agit sur les provinces. Là est la nouvelle Athènes d'un peuple qui, sous plusieurs rapports, rappelle le souvenir du peuple grec. Comme le peuple grec, il a eu ses jours de triomphe, ses phases de grandeur, ses héros et ses épopées. Comme lui il a succombé sous le yatagan des fils de Mahomet ; il a plié la tête sous les fourches caudines du croissant; comme lui, il tend à se régénérer.

L'origine des Serbes est, comme celle des autres tribus slaves, une de ces questions qu'un malin génie, avide de controverses, semble avoir à plaisir entourées de nuages pour s'amuser à les voir creusées par les savants et discutées par les académies. Des philologues, des ethnographes, des archéologues ont appliqué un patient labeur à cette étude; de volumineux ouvrages ont été employés à l'élucider, et le problème n'est pas résolu.

Les premières notions positives que nous ayons sur l'établissement des Serbes en Europe, ne datent que du milieu du viie siècle. A cette époque, ils arrivent sur les bords du Danube et se répandent assez promptement dans la principauté qui a conservé leur nom, dans la Bosnie et jusqu'aux rives du golfe de Cattaro. Là s'arrête l'élan de leur émigration. A cette page de leur histoire succède une longue chronique d'événements douloureux, d'efforts impuissants, de luttes désastreuses.

Des missionnaires grecs ont converti les Serbes au christianisme, et l'empereur Héraclius les a soumis à son pouvoir. Peu à peu ils se détachent de la suzeraineté de Byzance. Dans leur désir d'indépendance, ils rejettent jusqu'aux dogmes que la ville de Constantin leur a enseignés, ils retournent à leurs idoles. La crainte des Sarrasins, dont les flottes barbares sillonnent l'Adriatique et épouvantent les habitants de la côte, ramène la peuplade serbe aux liens qu'elle avait rompus. Elle invoque le secours de l'empire; elle se soumet à lui; elle s'incline devant ses missionnaires; elle redevient chrétienne. Mais le patronage des faibles, vacillants souverains de Constantinople, ne suffit pas pour la défendre contre les périls qui la menaçaient. Les Bulgares étaient près de là; ces Bulgares, aujourd'hui si doux, si pacifiques, et alors rapaces et sauvages[1]. Ils ne cherchaient qu'une occasion de pillage, et, l'un des princes des Serbes les ayant par malheur offensés, ils se jettent avec fureur sur ses États, saccagent les moissons, incendient les villages, et, lorsque tout fut brûlé et dévasté, ils se retirèrent, chassant devant eux le bétail du pays, entraînant à leur suite des milliers de prisonniers. Si, comme quelques historiens le prétendent, les Serbes viennent de l'Assyrie, ceux du Danube subirent l'humiliation et les douleurs que leurs pères avaient infligées aux Israélites. Ils furent captifs en Bulgarie, et peut-être quelques-uns d'entre eux ont-ils aussi suspendu là, dans les larmes de leur exil, leur harpe gémissante aux saules du rivage.

Cependant le fils d'un de leurs chefs, ayant réussi à s'échapper du lieu de son esclavage, retourna dans son pays, et, rappelant à lui ceux de ses compatriotes qui, pour échapper à la fé-

1. Les Bulgares, dit M. Blanqui, sont généralement doux, paisibles, patients, laborieux et hospitaliers. Ils ont des mœurs plus pures que les Grecs; ils sont plus sobres, plus francs, plus sûrs en toute chose. (*Voyage en Bulgarie*, page 210.

rocité des Bulgares, s'étaient réfugiés dans les montagnes et ceux qui s'étaient enfuis en Croatie, parvint à reconstituer une communauté. Par ses efforts persévérants, par la confiance qu'il inspirait, et avec l'aide de l'empereur Constantin Porphyrogenète, il eut l'honneur de reconstruire les demeures en ruines, de repeupler le sol dévasté. Les Bulgares revinrent encore et asservirent à leur domination la pauvre tribu renaissante, puis la laissèrent de nouveau retomber sous le vasselage de l'empire grec.

Au XII° siècle enfin, la Serbie entre dans une autre phase. A une lignée de princes craintifs et imprudents succède un homme habile et courageux. Étienne Nemenja, le fondateur d'une dynastie qui, pendant deux siècles, régit cette contrée, l'éleva à son plus haut point de grandeur et s'affaissa avec elle, laissant à la fois dans le cœur de la nation serbe le perpétuel souvenir de sa gloire et le deuil de ses calamités.

Étienne, profitant avec art des circonstances favorables à son ambition, soumit à son pouvoir la Bosnie, une partie de la Dalmatie, et agrandit ses États le long du Danube. En même temps qu'il achevait ses conquêtes, il comprimait dans l'intérieur de sa principauté des rivalités dangereuses, il faisait ployer sous sa loi des chefs de districts hautains, des prétentions turbulentes. Lorsqu'il se sentit affaibli par l'âge, ce Charles-Quint de la Serbie abandonna à son fils le soin de continuer son œuvre, et se retira sur le mont Athos, dans un cloître qu'il avait fondé pour y finir en paix sa vie laborieuse.

Sous le règne de ses successeurs, malgré plusieurs guerres malheureuses et plusieurs dissensions funestes, la Serbie grandit, mais lentement, à l'écart, en dehors du mouvement général de l'Europe. Deux faits entre autres donneront une idée de son obscurité, et de sa rusticité au temps même des Nemenja. Lorsque, en 1188, Frédéric Barberousse partit pour la Palestine, Étienne lui envoya une embassade à Égra pour lui offrir un témoignage de respect et l'engager à passer par la Serbie. Alors la Serbie était si peu connue de l'Allemagne même, que les chroniqueurs, en relatant la mission des envoyés d'Étienne, écrivent que le vaillant empereur avait reçu l'hommage des peuples les plus éloignés.

Soixante ans plus tard, Urosch, ayant marié son fils aîné avec une princesse de Hongrie, demandait hardiment pour le second la main d'Anne, fille de l'empereur Michel Paléologue. Sa demande ayant été agréée, le trousseau de la jeune princesse fut préparé avec tout le luxe de la cour orientale. Cependant, avant d'abandonner sa fille dans une contrée sur laquelle on n'avait que d'inparfaites notions, Michel la fit précéder de quelques dignitaires de l'église, qui avaient ordre d'examiner la maison où elle devait entrer et les préparatifs de sa réception. Urosch se mit à rire à la vue du fastueux appareil qui entourait ces envoyés, se railla de leurs formes cérémonieuses, et comme un séduisant indice de l'existence destinée à sa future belle-fille, leur montra la femme de son fils aîné, vêtue comme une paysanne et assise à son rouet comme une humble ouvrière. Les prélats s'en retournèrent près de la princesse fort peu satisfaits d'une telle perspective. Urosch envoya à sa rencontre une ambassade qui se laissa piller, dévaliser en route par une bande de voleurs, et arriva près de la princesse en un si piteux état que la fille de l'empereur, inquiétée déjà par le rapport de ses conseillers, ne se sentit point le courage d'entreprendre un si périlleux trajet pour se rendre à une cour si misérable, et retourna à Constantinople.

Au milieu du xiv° siècle, Duschan monta sur le trône de Serbie. Il y monta par une révolte sacrilége, par un parricide, et s'y maintint avec un étonnant éclat. Il régna sur la Bosnie, la Bulgarie, la Dalmatie, et conquit l'Albanie, la Macédoine, et une partie de la Transylvanie. Élevé à Constantinople, il avait rapporté de cette ville le goût du luxe et les pompeuses habitudes du palais impérial. Il eut une cour, des gardes; il prit le titre de tzar, et, dans son ardeur de domination, il allait jusqu'à rêver la conquête de Byzance. La mort l'arrêta dans ses projets. Il avait été le plus puissant souverain de la dynasdes Nemenja. Il en fut le dernier. La malédiction de son père le frappa dans son œuvre et dans sa postérité. Égaré par son orgueil, il créa, développa autour de lui une sorte d'oligarchie seigneuriale dont le pouvoir faisait ressortir la supériorité du sien. Égaré par son ambition, en menaçant d'un nouveau péril l'empereur grec, il l'obligea à rechercher l'appui des Turcs, et contribua ainsi lui-même à ouvrir l'entrée de l'Europe au torrent des hordes musulmanes.

A peine était-il mort que les gouverneurs de ses provinces se disputèrent la possession de ses États. En 1368, son fils était égorgé par un de ces avides prétendants, et, en 1389, à la bataille de Kossovo, les soldats d'Amurat noyaient dans des flots de sang la liberté du peuple serbe.

Tout le royaume de Duschan fut envahi, ravagé, démembré. Mais les tribus qui en faisaient partie séparées l'une de l'autre par le glaive des janissaires, par le despotisme des pachas ou englobées dans les possessions de la monarchie autrichienne, sont restées unies par les puissants liens de la nature humaine, par la communauté de leur origine, de leur idiome, de leur religion. Ni le temps, ni la loi farouche des Turcs, ni la bienveillante administration de l'Autriche, ni les diverses vicissitudes par lesquelles ces tribus ont passé, n'ont pu briser les racines profondes de leur nationalité. Comme des enfants d'une même famille dispersés par le sort, elles gravent dans leur cœur l'amour de leur berceau, l'héritage de leurs traditions. Leurs pères ont eu les mêmes jours de gloire et subi les mêmes calamités. Elles sont attachées au souvenir de leurs grandeurs, à celui de leur deuil par un même sentiment de confraternité. D'âge en âge, la tradition s'est répandue dans leur communauté à flots purs comme une source vivifiante. D'âge en âge, une lyre populaire a retenti, qui leur rappelait les noms de leurs héros et la hardiesse de leurs combats.

Ce qu'on appelle les chants serbes n'est point, comme on pourrait le supposer, la propriété exclusive de la petite principauté danubienne dont Belgrade est la capitale; c'est la guirlande champêtre, c'est le romancero, c'est l'Iliade des différentes peuplades qui jadis formaient la royauté serbe. Le pauvre raja de Bosnie se plaît à entendre ces strophes harmonieuses à son foyer solitaire. Le marinier du golfe de Cattaro les répète sur son navire, et le Monténégrin les chante avec orgueil sur ses remparts de rocs.

Ces chants se divisent en deux catégories : chants lyriques et chants épiques. Ni les premiers ni les seconds ne ressemblent aux poésies des autres peuples de l'Europe. Dans les chansons d'amour on ne trouve point l'accent érotique des Grecs ou des Latins, ni les raffinements de galanterie de nos Bertrand de Born, ni la mystique rêverie du Minnesinger allemand, ni les joviales tendresses des anciens poëtes anglais, mais quelquefois la douce, cordiale mélancolie des *Folkvisor* de Suède et de Danemark. Dans les poésies qui relatent les entreprises aventureuses des Serbes, racontent leurs batailles et célèbrent leurs victoires, on ne trouvera pas non plus ces images fantastiques qui, dans la tradition de tant d'autres peuples, se mêlent si souvent aux images de la vie réelle ; cette mythologie des fées, des elfes, des esprits des montagnes, des forêts et des eaux, panthéisme de la nature, myriade idéale de l'Asie qui, à travers les races germaniques, éclate à tout instant dans la fervente religiosité du moyen âge.

Les Slaves du nord ont conservé longtemps leur mythologie primitive. Les sagas du Meklembourg, les chants populaires de la Russie en portent la vive empreinte. Les Slaves du sud en ont perdu la trace. Parmi eux, elle s'est évanouie comme une ombre à la lueur du christianisme. De leurs antiques fictions, ils n'ont gardé que la Vila, nymphe des bois, génie surnaturel qui, par son essence aérienne, est séparée de l'homme; qui, par une attraction sympathique, s'associe à ses joies et à ses douleurs. Les deux chants suivants représentent, sous deux de ses faces principales, cette figure mythologique.

Le Château de nuages.

« La blanche Vila se construit une demeure; elle ne la construit pas dans le ciel ni sur la terre, mais sur une montagne de nuages. Elle élève là trois portes : la première en or, la seconde en perles, la troisième avec la pourpre. A la porte d'or, elle marie son fils; à la porte de perles, elle marie sa fille; à celle de pourpre, elle se tient assise et regarde au-dessous d'elle comment l'éclair joue avec la foudre, la sœur avec ses frères, la fiancée avec ses beaux-frères, comment l'éclair dure plus que la foudre, comment la sœur domine ses frères et la fiancée ses beaux-frères. »

Les Vilas de Lowtschen.

« D'ici, de là, s'élève une montagne plus haute que l'autre ; mais la plus haute est le Lowtschen. Il n'y croît que des orties et des épines. La cime est couverte d'une neige éternelle, et l'orage y mugit toute l'année. C'est là que demeurent les Vilas, c'est là qu'elles dansent en cercle.

« Au pied de cette montagne, passe un héros qui s'en va cherchant le bonheur de l'amour. Les Vilas l'aperçoivent et lui crient : « Viens « parmi nous, viens ; c'est ici que tu trouveras « le bonheur éclairé par les rayons du soleil, « protégé par la blanche lueur de la lune, cou- « ronné par les étoiles. »

De la terreur superstitieuse que les orages du ciel, les calamités de la terre ont inspirée à l'enfance des Serbes comme à celle de tous les peuples, ils ont encore gardé un vestige de leur mythologie ; mais ce dernier vestige a été christianisé. Pour eux, ce ne sont plus des divinités fabuleuses qui gouvernent les éléments. C'est saint Élie qui tient entre ses mains le tonnerre; saint Pantalémon qui dispose de l'ouragan; c'est saint Nicolas qui régit les mers; c'est à la Vierge elle-même que, dans une pieuse confiance, les Serbes ont attribué la royauté du feu, cet élément redoutable entre tous; car la Vierge est pour eux, comme pour tous ceux qui sont restés fidèles à son culte, une protectrice généreuse, une mère compatissante. Une de leurs naïves légendes la représente intercédant pour eux, avec le sentiment de leur misère, près des saints moins indulgents, qui veulent les punir d'une infraction à la loi de l'Église. Cette légende a pour titre : *la Moisson du dimanche.*

« Béni soit le Seigneur! loué soit le Dieu unique! »

C'est le dimanche; les chrétiens font leur récolte, et voilà que trois nuages s'amassent sur leur tête. L'un de ces nuages porte Élie avec la foudre, l'autre Marie avec le feu, le troisième porte saint Pantalémon.

Ce saint dit à Élie : « Lance ton tonnerre », et à Marie : « Lance le feu, moi je déchaînerai le vent de la tempête.

— Non, s'écrie Marie, ne lancez pas la foudre, ne déchaînez pas l'ouragan, moi je ne ferai pas non plus descendre le feu, car les chrétiens ne peuvent se fier aux Turcs et laisser leur moisson dans les champs. »

Dans les œuvres populaires des races latines, germaniques et anglo-saxonnes, il est aisé de reconnaître fréquemment, sous des formes diverses de langage, un fonds commun d'idées symboliques, d'inventions romanesques et de superstition. Bien avant notre ère d'universelle locomotion, les peuples avaient l'un avec l'autre assez de rapports pour pouvoir échanger entre eux les trésors de leur imagination : du nord au sud, du sud au nord, le récit miraculeux, le conte chevaleresque cheminaient, se répandaient de contrée en contrée, comme les graines des plantes que le vent emporte sur ses ailes et sème en différents lieux. Plus d'une de ces compositions, qui ont fait la joie de nos pères, a tant voyagé et s'est implantée en tant de villes et de provinces, qu'on ne parvient pas sans peine à la suivre dans sa pérégrination et à reconnaître son point de départ.

La Serbie n'a point participé à ces œuvres de l'Europe et n'en a point éprouvé l'influence. Entre les flots du Danube et les vagues de l'Adriatique, elle a vécu à l'écart sous ses vieilles forêts de chênes; elle ne s'est rapprochée de l'Occident que par quelques relations accidentelles avec Venise et avec la Hongrie. Par sa position, elle aurait pu opposer une digue salutaire au débordement des armées musulmanes; mais les puissances chrétiennes que l'islamisme devait effrayer dans leurs capitales, n'ont point compris l'importance de cette situation. Elles ont vu la Serbie grandir, se fortifier sans s'allier à elles, et l'ont vue s'engager dans sa lutte mortelle contre les Turcs sans s'inquiéter de la défendre, sans se mettre en devoir de la venger. Vassale de Constantinople, mais vassale insoumise, elle resta également en dehors des mœurs de l'empire grec, dont elle ne subissait l'autorité qu'en frémissant, et sa poésie est à peine imprégnée du souffle de l'Orient.

Dans cette poésie, il est curieux de voir se refléter, comme dans un miroir, l'esprit, les coutumes, les passions et les vertus d'une race considérable qui a eu une existence nationale, qui l'a perdue et qui tend à la reconquérir.

Je voudrais essayer d'en saisir les traits principaux, et je commence par une des images les plus caractéristiques de cette poésie, par l'image de la femme.

La femme apparaît là avec une singulière expression de douceur et de réserve, de résignation timide et de chaste dévouement : c'est la jeune fille pudique dont le chant suivant nous offre une gracieuse peinture.

« La belle Militza a de longs sourcils qui s'élèvent sur ses joues roses, sur son blanc visage. Je l'ai suivie pendant trois ans, jamais je n'ai pu contempler ses yeux, ses beaux yeux, ni son blanc visage. Lorsque j'invitai les jeunes filles à la danse, j'invitai aussi Militza dans l'espoir de regarder ses yeux. Quand nous nous mîmes à danser, le ciel était clair. Tout à coup il s'obscurcit. L'éclair sillonnait les nuages. Les jeunes filles levaient les yeux en l'air ; mais Militza tenait, comme de coutume, les siens baissés sur le vert gazon. « Militza, dirent-elles, Mi-
« litza, notre amie, notre compagne, es-tu donc

« si présomptueuse, ou es-tu donc si sotte que
« tu continues à regarder le vert gazon, que tu
« ne veuilles pas, comme nous, voir les nuages
« déchirés par l'éclair?— Je ne suis ni sotte ni
« présomptueuse, répond Militza, je ne suis pas
« la Vila qui assemble les nuages : je suis une
» jeune fille, et je regarde devant moi. »

C'est l'amante délaissée qui s'écrie : « Où est celui que j'aime? S'il est en voyage, puisse son voyage être heureux! S'il est à boire du vin, puisse le vin lui être salutaire! et s'il en aime une autre, ah! je lui pardonne; mais Dieu lui pardonnera-t-il? »

C'est la craintive fiancée qui, en se rendant à sa nouvelle demeure, sachant qu'elle doit être, chemin faisant, exposée à un grave péril, dit à ses garçons d'honneur : « Je sais que je n'ai pas le droit de lever les yeux sur vous, et encore moins celui de vous adresser la parole. Mais il faut pourtant que je vous prévienne du danger qui me menace. »

C'est la femme d'Hassan-Aga qui, par un excès de pudeur, n'ose pas entrer dans la chambre où repose son mari malade.

Tel est généralement, dans les chants de la fière, belliqueuse nation serbe, le caractère de la femme. Mais quelquefois aussi elle apparaît dans ces chants avec une étonnante vigueur. Quand un devoir impérieux l'ordonne, quand il faut qu'elle prenne une énergique résolution pour venir en aide à son époux, ou pour complaire à la volonté de sa mère, elle sort de l'ombre placide de son gynécée comme une lionne, et les mêmes poëtes, qui se plaisent à l'entourer du voile de la modestie, lui donnent en ces occasions un courage fabuleux.

Wukosaw, l'ardent heiduque, a été pris par un musulman qui, tout fier de s'être emparé de cet homme redouté, se propose de le conduire à Constantinople.

La femme de Wukosaw, apprenant après trois années de perquisitions en quelle maison il est détenu, prend ses armes, ses vêtements, monte à cheval et s'en va tout droit vers celui qui l'a fait captif. Avec son déguisement, elle s'annonce comme un officier du sérail qui venait au nom du sultan réclamer l'illustre heiduque. A ce nom du souverain maître, le crédule musulman se hâte de tirer son prisonnier du cachot où il le tient enfermé. Il le remet au faux officier, il lui remet de plus un cheval et une épée pour s'assurer sa protection à la cour de Byzance, et la femme intrépide ramène en riant son époux à sa demeure.

Une jeune fille a été demandée en mariage par le duc Étienne. Sa mère n'a osé la refuser à ce puissant seigneur, elle n'a pas osé non plus refuser les présents qui sont le signe d'un engagement irrécusable, et cependant elle sait que cet homme est un ivrogne, elle le dit à sa fille, et il doit venir prochainement la chercher, et elle tremble de voir sa douce, belle Marie unie à ce débauché.

« Je ne l'épouserai pas, s'écrie Marie, et il ne sera point irrité contre toi. Quand tu le verras venir avec son escorte, quand tu entendras résonner la musique nuptiale, place-moi sur une couche funèbre, couvre-moi d'un linceul, gémis et lamente-toi, comme si j'étais morte. »

Ainsi fut fait. Le duc pourtant, ne peuvant pas croire à une mort si subite, veut s'assurer par lui-même qu'on ne le trompe pas. Il s'approche de la jeune fille et lui place sur la poitrine des charbons ardents. Elle reste immobile. Non content de cette épreuve, il lui met au col un serpent venimeux et elle reste immobile. Enfin, il lui colle sa longue barbe sur le visage et Marie ne donne pas le moindre signe de vie.

« Elle est bien morte, » dit-il, et il s'en retourne vers sa demeure tandis que Marie, l'astucieuse, l'inébranlable Marie, se lève sur sa couche et se jette gaiement dans les bras de sa mère.

L'un des traits distinctifs des peuples primitifs est leur sentiment de famille. La famille est le commencement de la tribu. La famille est la première joie, le premier appui de l'homme. Les diverses péripéties de la vie lui suscitent d'autres intérêts et l'entraînent en d'autres affections ; l'État qui se constitue par ses agglomérations successives, la république, ou le royaume emporte dans son tourbillon, l'unité, la simplicité du régime patriarcal. Mais dans les premiers temps de l'existence individuelle, comme dans les premières phases de l'organisation d'une société, les dieux Lares sont les dieux du cœur, et il n'y a pas de liens plus puissants que ceux du foyer domestique.

Les sentiments de famille occupent une grande place dans les chants serbes. L'amour maternel et filial, l'amour fraternel et le pouvoir d'une parenté plus éloignée y éclatent à tout instant en images naïves, en accents expressifs. Pour dépeindre la situation d'un homme, on va la chercher dans les émotions de sa mère. « Quelle « gloire pour elle ! » se dit-on, ou « quelle dou- « leur profonde ! »

A la mère qui a perdu ses enfants, on donne le titre touchant d'orpheline. « Que Dieu te vienne en aide, bonne mère, pauvre orpheline, dit un guerrier à une vieille femme; n'as-tu donc plus un seul enfant qui cultive pour toi la vigne et qui t'aide à marcher ! »

« Hélas ! s'écrie une mère qui depuis plusieurs années soupire en vain après le retour de son fils, hélas ! pauvre que je suis, qui m'attendra maintenant dans ma demeure? Qui viendra à ma rencontre? Qui me dira, avec inquiétude : Chère mère, n'es-tu pas fatiguée?

Un Serbe blessé dans un combat tombe en

pleine campagne incapable de poursuivre son chemin. Un de ses amis l'aperçoit, s'approche de lui avec une tendre compassion et lui dit : « Peux-tu attendre que j'aille te chercher un médecin? — Merci, frère, répond le malade ; mais si tu veux me rendre service, porte-moi dans ma demeure, porte-moi près de ceux que j'aime, c'est là que je voudrais être. — Ta demeure est si loin, reprend son ami, que nous ne pourrions l'atteindre. Laisse-moi te conduire dans la mienne. Ma mère pansera ta blessure, ma femme te préparera ton lit, ma sœur te donnera une boisson rafraîchissante. — Ah! murmure le Serbe, une mère étrangère ne guérit point les blessures, une femme étrangère ne prépare point un bon lit, une sœur étrangère ne donne qu'une amère boisson.

Et à ces mots il expire.

Une mère est séparée depuis longtemps de ses fils. Ils attendent pour aller la voir que le plus jeune d'entre eux soit assez grand pour les accompagner. Un jour enfin, ils partent tous ensemble. La mère les reçoit ivre de bonheur, les garde près d'elle pendant quinze jours, leur donne à chacun un beau cheval et un faucon ; puis elle les reconduit bien loin, bien loin, à travers la forêt sombre; puis elle les embrasse et leur dit adieu. Mais elle n'a plus la force de supporter cette nouvelle séparation. Elle s'asseoit sur l'herbe et meurt de douleur.

Ses fils lui creusent une fosse avec leurs lances, lui taillent un cercueil avec leurs sabres. A l'endroit où repose sa tête, ils placent un rosier, à ses pieds ils élèvent une fontaine, autour de cette fontaine ils plantent des pommiers, afin de faire bénir la mémoire de leur mère; afin, dit le poëte, que celui qui est jeune puisse venir sur cette tombe cueillir les fleurs de la jeunesse, que celui qui a soif s'y désaltère, et que celui qui a faim y trouve un aliment.

L'histoire d'Alaïa est un autre curieux exemple de cet amour filial et de l'amour conjugal.

La jeune Alaïa soupire et gémit aux pieds du bey son mari. « Mon maître, lui dit-elle, mon cher maître, mon époux, vois, il y a maintenant neuf années que je suis séparée de ma mère, je voudrais bien la revoir.

— Lève-toi, dit le bey, et, avant les premiers rayons de l'aube, mets-toi à l'œuvre, pétris des gâteaux blancs, pars pour aller voir ta mère. »

A ces mots, la jeune femme jette un cri de joie. Avant le premier rayon de l'aube, elle est à l'œuvre, elle pétrit des gâteaux blancs, elle part pour aller voir sa mère.

Le soir, à la première halte, il lui arrive deux messagers qui lui disent : « Reviens, jeune Alaïa, tes deux filles sont mortes.

— Quand mes fils aussi seraient morts, répond Alaïa, je ne m'en retournerai pas avant d'avoir vu ma mère. »

Le lendemain au soir, à la seconde halte, deux autres messagers arrivent, qui lui disent : » Reviens, jeune Alaïa, tes deux fils sont morts.

— Non, non, répond Alaïa, je ne m'en retournerai pas avant d'avoir vu ma mère. »

Le lendemain au soir, à la troisième halte, deux messagers arrivent qui lui disent : « Reviens, jeune Alaïa, ton époux est mort. »

A cette nouvelle Alaïa retourne dans sa demeure. Elle entre dans sa demeure, elle se lamente comme un coucou, elle erre comme une hirondelle égarée. « Oh! mes deux filles, s'écrie-t-elle, mes filles, fleurs du matin! O mes fils, brillants faucons! O mon époux aimé! » Elle gémit ainsi et elle expire.

Dans les diverses poésies consacrées à la peinture des sentiments de cœur, un de ces drames domestiques qui alimentent les récits de tant d'autres peuples, un acte d'infidélité de la femme envers son époux n'apparaît que de loin en loin comme une monstruosité. Là pourtant l'amour conjugal, comme un amour de convention, n'est point placé au premier rang des affections. Parfois il hésite dans un cas décisif, il calcule ses sacrifices. L'amour maternel, au contraire, et l'amour filial n'hésitent jamais; l'amour fraternel est également dévoué.

Jowo s'est cassé le bras par accident. La Vila de la montagne, qui connaît la vertu, des plantes médicinales, propose de le guérir. Mais pour lui rendre ce service, elle exige, la cruelle Vila, que la vieille mère de Jowo se coupe la main droite, que sa sœur lui livre sa noire chevelure, que sa jeune femme lui remette son collier de perles.

La mère et la sœur cèdent sans murmurer à la demande de la magicienne. Mais la jeune femme ne veut point se séparer de son collier de perles. Jowo, abandonné par la Vila en courroux, meurt des suites de sa blessure. Alors on entend les voix de trois femmes qui se lamentent; l'une de ces femmes gémit perpétuellement; l'autre, le matin et le soir; la troisième, quand l'idée lui en vient. La première est la mère de Jowo, la seconde sa sœur, la troisième sa femme.

La jeune fille dévouée, qui, dans sa pudique timidité, ose à peine parler de son fiancé, exprime avec enthousiasme sa tendresse pour son frère. Si elle a, dans une occasion solennelle, un serment à prononcer : « Par la vie de mon frère ! » dit-elle, et ce serment est sacré. La légende que nous venons de citer nous montre la sœur regrettant soir et matin le premier compagnon de ses jeux, le premier ami de son enfance ; d'autres chants les représentent inconsolables d'une telle perte. Une tradition populaire dit que la femelle du coucou, qui ne chante point comme les autres oiseaux, qui n'a qu'un cri plaintif, est une sœur désolée qui sans cesse pleure son frère dans la solitude des bois.

Une autre indique, par les divers témoignages de douleur de la femme en deuil, les divers degrés de son amour. La jeune femme a perdu son époux, son garçon d'honneur au jour de ses noces, et son frère. Pour son époux, elle se coupe les cheveux; pour son garçon d'honneur, elle se meurtrit le visage; pour son frère, elle se crève les yeux. Ses cheveux repousseront, son visage reprendra sa fraîcher, mais ses yeux sont à jamais éteints, et rien ne la consolera de la mort de son frère.

Ces émotions de confraternité sont si douces au cœur des Serbes, qu'ils les multiplient en adjoignant une parenté de choix à celle de la maison natale. Comme les Morlaques, ils ont des frères, des sœurs d'adoption (*Pobratim*, *Posestrima*), et ce titre leur impose une religieuse obligation.

Une jeune fille se met en voyage avec un homme, à qui elle a donné ce nom de frère. Chemin faisant, le traître lui adresse d'inconvenantes paroles. Au même instant le ciel se convre d'une sombre nuée, le tonnerre éclate et le tue. « Voilà, dit la jeune fille, comme Dieu punit ceux qui manquent à leur devoir de frère d'adoption ! »

Comme les hommes dont la vie se passe en dehors du tumulte des grandes villes, dans le placide isolement de la vie champêtre, et les mystérieuses attractions de la nature, les Serbes adressent souvent leurs pensées aux êtres animés ou inanimés qui les entourent. Quelquefois ils les invoquent avec une étonnante naïveté dans l'effusion de leur joie, ou dans l'amertume de leurs souffrances. Les forêts balancées par les vents s'associent à leurs plaintes, les fleurs et les oiseaux à leur amour. Les nuages et les faucons sont leurs messagers. La lune leur raconte ce qu'elle a vu près de la maison qui leur est chère. Le cheval, qui est leur compagnon fidèle, connaît toutes leurs affections. « Oh! toi, noble coursier, dit une jeune fille inquiète, noble coursier de celui que j'aime, dis-moi, ton maître est-il marié ? — Non, répond le savant coursier, mon maître est libre encore, et c'est toi qu'il veut épouser, et c'est toi qu'il doit venir chercher l'automne prochain. — Ah ! si tu disais vrai, reprend la jeune fille, je fondrais mes agrafes pour argenter ta bride, et le collier que je porte au cou pour la dorer. »

Comme les peintres primitifs, qui, dans leurs tableaux historiques, dessinaient la cité de Jérusalem sur le modèle d'une de leurs villes des bords du Rhin, et donnaient à un personnage de l'antiquité la physionomie, le vêtement de leur bourgmestre allemand, les Serbes ont doté de leurs mœurs serbes et de leurs habitudes journalières les saints de leurs légendes.

Une de ces légendes, qu'on pourrait considérer comme une profanation, si elle n'était composée avec une candide piété, nous montre les principaux habitants du paradis assis avec la Vierge devant une table d'or et buvant un vin frais. Saint Nicolas assiste à cette réunion; mais tandis que ses frères causent gaiement entre eux, le bon saint s'assoupit, sa tête s'incline sur sa poitrine, et son verre lui tombe des mains.

Réveillé un instant après, il dit à ceux qui

l'entourent : « Pardonnez-moi mon court sommeil. Voici ce qui m'est arrivé. J'ai vu trois cents moines qui venaient de s'embarquer pour porter sur la montagne sacrée de pieuses offrandes, de l'encens et de la cire. Tout à coup la mer sur laquelle voguait leur navire se soulève en fureur et menace de les engloutir. En ce moment l'un d'eux s'écrie : « Saint Nicolas, où que tu sois, viens à notre secours. » Je me suis rendu à sa prière. J'ai sauvé les trois cents moines de l'abîme des vagues. Je les ai vus porter leur offrande sur la montagne sacrée, et je me suis endormi[1]. »

Une autre légende raconte avec une naïveté

---

1. Je trouve un miracle de même nature raconté par les Bollandistes dans la vie d'un des saints de Bourgogne : Le roi Gontran, passant par Macornay, veut assister à la messe célébrée par saint Vorle. Après l'évangile, le saint s'endort; personne n'ose le troubler dans son sommeil. Quelques instants s'écoulent. Enfin il se réveille de lui-même et continue l'office. Au sortir de l'église, le roi lui demande pourquoi il s'est ainsi assoupi. « Ah ! dit le saint, pendant que j'étais à l'autel, j'ai vu à quelques lieues d'ici l'incendie éclater dans une maison où se trouvait un pauvre faible enfant tout seul. J'ai été à son secours; je l'ai sauvé. » Gontran voulut lui-même vérifier le fait, et reconnut l'authenticité du miracle.

semblable comment le peuplier a été condamné à son frémissement perpétuel.

Dans une église, au sommet d'une montagne, résonne une suave mélodie, une musique religieuse. La sainte Vierge s'approche pour l'entendre, et tous les arbres se taisent, à l'exception de l'arrogant peuplier. Alors la mère de Dieu lui dit : « Tous les autres arbres porteront des fruits, toi seul n'en porteras pas, et tu soupireras et tu trembleras sans cesse, même dans les jours les plus calmes de l'été, même quand aucun vent léger ne soufflera sur tes rameaux. »

Ainsi les Serbes ont dans leurs légendes, dans leurs strophes lyriques, répandu leurs rêves religieux, leurs riantes ou mélancoliques impressions. Qu'on ne demande pas qui a rhythmé ces stances, modulé ces vers dans l'idiome de Serbie, le plus mélodieux des dialectes slaves, dit M. Mickievic. Nul érudit ne le sait ni ne peut le savoir. L'œuvre individuelle s'efface dans cet ensemble d'accents populaires, comme le son particulier d'un instrument dans l'harmonie générale d'un orchestre. On ne peut détacher l'une de l'autre ces diverses compositions. Elles forment entre elles comme une chaîne de fleurs qui doit être conservée dans son intégralité. On ne peut leur appliquer la loi sévère de la critique. Ceux qui les ont faites n'ont point étudié dans les écoles, et les règles d'art qu'ils ont suivies, ils ne les ont point apprises, ils les ont trouvées par instinct, et mises en pratique par une inspiration spontanée. Leur poésie, c'est un cri qui s'est échappé de leur âme émue, et qui a été répété par ceux qui l'écoutaient comme s'ils eussent été les premiers à le proférer. C'est une musique dont on ignore l'origine et qu'on entend résonner de tout côté comme le bruissement des bois et le soupir des ruisseaux.

Il en est de même de la poésie épique des Serbes, que je voudrais à présent essayer de caractériser. Pour la comprendre plus aisément, nous devons faire encore un retour sur l'histoire à laquelle elle se rattache.

J'ai dit que, après la mort de Duschan, les principaux seigneurs de la contrée, oubliant les droits héréditaires du fils de leur souverain, se disputaient le pouvoir suprême. Trois d'entre eux se signalèrent dans cette lutte ambitieuse : Jug, gouverneur de la Macédoine; Wukaschin et Lazare, qui régissaient deux autres provinces. Tous trois, malgré leur haineuse rivalité, se réunirent cependant pour secourir les Grecs menacés par les hordes musulmanes. Les deux premiers tombèrent sur le champ de bataille, et Urosch ayant été assassiné quelques années auparavant par Wukaschin, Lazare prit librement possession du trône de Serbie. Mais Amurat, ayant achevé ses conquêtes en Grèce, s'avança sur les rives du Danube et somma les Serbes de reconnaître son pouvoir. Lazare, trop fier pour descendre sans résistance de sa dignité de roi à un honteux vasselage, prit les armes et invoqua l'appui de ses voisins. La Hongrie, par un aveugle calcul d'égoïsme, l'Autriche, par une malheureuse indifférence, ne lui vinrent point en aide. La Serbie, la Bulgarie, l'Albanie répondirent seules à son appel et lui donnèrent une armée avec laquelle il s'avança résolûment à la rencontre du vainqueur de la Thrace, du sultan d'Andrinople. Par sa bravoure, par la confiance qu'il inspirait à ses soldats, peut-être qu'il aurait pu remporter la victoire. Une fatale collision entre deux de ses généraux le perdit. Vuk Brankovitch, qui avait déjà fait un pacte secret avec les Turcs, accusa son collègue Milosch de comploter une trahison. « On verra demain, répondit fièrement Milosch, quel est celui qui doit être flétri du nom de traître. »

Le lendemain, dans la plaine de Kossovo, le valeureux Milosch s'aventurait à travers les bandes des janissaires, atteignait Amurat dans sa tente et l'égorgeait. Mais cet acte d'audace et de dévouement auquel il sacrifia sa vie n'eut point dans le combat des deux armées l'heureux résultat qu'il en attendait. Tout au contraire les soldats qu'il commandait, surpris de ne pas le voir à leur tête et troublés par de vagues rumeurs de défection, résistèrent mollement à l'attaque des Turcs. Au moment où Lazare ranimait leur courage, au moment décisif de la bataille, l'infâme Brankovitch allait avec ses escadrons se ranger du côté des Turcs. Lazare réussit cependant à maintenir encore en bon ordre le reste de ses troupes. Mais, son cheval ayant été tué sous lui, le héros tomba, et le bruit de sa mort se répandit rapidement dans tous les rangs. L'armée, dont il soutenait l'ardeur par sa présence, par son exemple, se débanda. En vain il essaya de la rallier ; elle était en déroute. Bientôt il se trouva seul ou presque seul, essayant de lutter encore, résolu à mourir plutôt que de suivre ses soldats dans leur fuite. C'était une lutte impossible, et il y périt. Les historiens ne s'accordent point sur la fin de ce noble roi. Selon les uns, il fut tué sur le champ de bataille où il s'était si vaillamment conduit ; selon d'autres, il fut fait prisonnier par les Turcs et sacrifié comme une victime expiatoire aux pieds d'Amurat.

De cette terrible journée de Kossovo, où ils ensevelirent leur nationalité, des événements qui en furent la suite, les Serbes ont fait trois cycles épiques : le cycle de Lazare, celui de Marco Kralievitch et celui des Heiduques. Le premier nous peint la Serbie dans la splendeur de sa royauté et le deuil de sa chute ; le second nous la montre asservie au despotisme musulman ; au troisième, nous la voyons animée d'une haine implacable contre ses maîtres, hors d'état de briser leur joug ; mais, chaque fois qu'elle en trouvait l'occasion, se vengeant de leur cruauté par d'autres actes de cruauté, et honorant le courage du bandit qui brave leur colère.

Le premier de ces cycles est d'un caractère grave et élevé. Les personnages qui y figurent n'y sont point représentés dans les proportions que leur donne l'histoire. L'orgueil national les a grandis ; le poëte les a idéalisés. Duschan, l'usurpateur, Duschan, le parricide, apparaît là comme un type de magnificence. Les Serbes ont rejeté dans l'ombre ses crimes pour ne laisser aucune tache sur l'éclat de son pouvoir. Jug, que les chroniques ne citent que comme un homme assez ordinaire, devient un Nestor et s'avance majestueusement sur la scène avec ses neuf vigoureux fils, comme un patriarche. Vuk a toute l'habileté et la prévoyance d'un fin diplomate : c'est l'Ulysse de cette assemblée de voivodes.

Quant à Lazare, les poëtes se sont plu à le doter de toutes les qualités qui charment le peuple serbe. Il est beau et brave, joyeux et religieux, courant avec la même ardeur aux fêtes et aux combats, employant ses trésors à bâtir des églises, à fonder des couvents. Sur sa naissance, sur son élévation, sur sa mort plane un nuage qui lui donne le prestige du mystère. On ne connaît ni son origine, ni sa famille ; on peut le croire le fils de l'unique divinité mythologique des Serbes, le fils d'une Vila. Comme Achille, il n'apparaît dans le poëme qu'au moment où l'action va commencer. Il a peut-être été gardé par les nymphes de la montagne, comme Achille par les filles de Scyros.

Au début de sa carrière, il est à la cour de Duschan en qualité d'écuyer, mais tellement favorisé par le puissant roi qu'on suppose qu'il lui appartient par le lien le plus étroit. Un jour, à Prisrem, la ville albanaise, Lazare, remplissant une de ses fonctions habituelles, verse d'une main tremblante le vin dans la coupe de son maître.

» Qu'as-tu donc, lui dit Duschan, qu'as-tu donc, mon fidèle Lazare, que ta main vacille et que ta figure est agitée ? Je te parle avec affection, réponds-moi avec confiance. Ton cheval est-il en mauvais état, tes vêtements sont-ils trop vieux, ou as-tu besoin d'argent ? Dis, que te manque-t-il ici ?

— Prête une oreille indulgente à mes paroles, dit Lazare, et, puisque tu m'interroges avec bonté, je te répondrai avec confiance. Mon cheval n'est point en mauvais état, mes vêtements ne sont point trop vieux, et je n'ai pas besoin d'argent. Mais écoute : tous les serviteurs qui sont venus dans ta maison après moi, ont connu les douceurs de l'amour. Tous se sont mariés, moi seul je n'ai pu avoir ce bonheur, moi dans la force de ma belle jeunesse, je ne suis pas marié.

— Au nom du Dieu éternel, réplique le puissant tzar Duschan, tu ne peux cependant, mon fidèle Lazare, épouser la fille d'un gardeur de vaches ou d'un gardeur de porcs. Cherche donc une fille noble, cherche-la parmi mes vaillants compagnons, parmi ceux qui boivent à ma table le vin frais, et qui sont le plus près de mon trône. »

Lazare aime une jeune Serbe de haute naissance, la belle Militza, fille du vénérable Jug

Bogdan. C'est précisément l'épouse que Duschan désire lui donner. La difficulté seulement est d'adresser cette proposition de mariage à une orgueilleuse famille, parce que Lazare n'est encore qu'un écuyer sans fortune. Le roi lui donne généreusement, lui-même, un moyen d'engager cette grave négociation.

Demain, lui dit-il, j'irai à la chasse avec le vieux Bogdan, puis je l'inviterai à souper avec ses fils. Prépare-nous du vin, du sucre et de l'eau-de-vie. Lorsque nous aurons plusieurs fois, à notre table d'or, savouré la boisson vivifiante, le vieillard prendra, pour nous entretenir de notre destinée, les anciens livres sacrés qui contiennent les secrets de l'avenir jusqu'à la fin des temps. Alors va prendre dans la haute tour la coupe que j'ai récemment achetée au prix d'une charge et demie d'or; remplis-la de vin rouge et viens l'offrir, comme un présent d'honneur, au vieux Bogdan. Il cherchera dans sa pensée ce qu'il peut te donner à son tour. Et moi je profiterai de ce moment pour lui parler de Militza.

Lazare suit à la lettre les instructions de son

maître. Jug Bogdan reçoit la coupe précieuse et la tient entre ses mains, et la contemple en silence :

« Pourquoi donc, cher père, lui disent ses fils, ne portes-tu pas ce vase à tes lèvres?

— Mes enfants, répond le vieillard, il me serait aisé de vider cette coupe, mais je songe à ce que je puis donner à Lazare qui m'a fait ce présent.

— N'est-ce pas, reprennent ses fils, une chose aisée pour toi? N'as-tu pas assez de chevaux et de faucons et de bonnets de fourrures, et des plumes en quantité? »

Alors Duschan prend la parole et dit : « Lazare possède lui-même assez de chevaux et de faucons, assez de bonnets de fourrures et des plumes en quantité. Ce qu'il veut de vous, c'est votre jeune Militza. »

A ces mots, les neuf fils de Bogdan portent la main à leur sabre et se lèvent en colère pour s'élancer sur Duschan.

« Arrêtez! mes fils, s'écrie Jug. Si vous aviez le malheur de tuer notre tzar, vous seriez à jamais maudits. Attendez un instant que je consulte les livres qui renferment le secret de nos destinées, que je voie celle de Militza.

Un profond silence s'établit autour de lui, et Jug, après avoir interrogé son oracle, dit d'une voix solennelle : « Ma fille doit être l'épouse de Lazare ; un jour Lazare sera roi de Serbie, et Militza partagera son trône.

Duschan prend alors à sa ceinture une bourse de mille pièces d'or qu'il remet à Bogdan et à ses fils, puis il donne à Militza un globe d'or orné de trois pierres précieuses. Et le mariage est conclu.

Bientôt nous voyons le jeune successeur de Duschan assis à sa royale table dans sa forteresse de Prisrem, entouré des seigneurs du pays et des nobles qu'il a invités à un splendide banquet. Des mains diligentes emplissent d'un vin généreux les larges coupes. Une fraternelle concorde réunit, autour de leur digne souverain, ces valeureux champions de la Serbie ; la gaieté règne dans leur cœur, la joie scintille dans leurs regards, éclate dans leur entretien. Soudain la porte s'ouvre et l'on voit s'avancer d'un pas léger et majestueux l'épouse du roi, la belle

Militza. Une étincelante ceinture fait neuf fois le tour de sa taille élancée. Un collier d'or se replie neuf fois sur son cou de neige, neuf plumes flottent sur sa tête, sur sa couronne d'or où brillent trois pierres précieuses qui répandent la nuit une lumière pareille à celle du jour.

Tous les assistants la contemplent émerveillés de sa parure, surtout de sa beauté, et les vieillards se lèvent devant elle comme ceux de la Grèce devant Hélène.

Elle s'avance près de son époux et lui dit : « Noble Lazare, glorieux souverain, je sais qu'il ne me convient pas de te regarder, encore moins de t'adresser la parole. Mais je ne puis plus longtemps me taire. Tous les princes de la maison de Nemenja qui ont régné sur cette contrée ne gardaient point leurs trésors dans leur demeure, ils entretenaient des églises, ils fondaient des couvents. Et toi qui possèdes aussi des trésors, tu n'as encore élevé aucun de ces édifices religieux. Ton argent ne sert ni à la santé du corps, ni à la santé de l'âme, ni à toi, ni à d'autres. »

A ces mots Lazare s'écrie : « Vous avez entendu, nobles de Serbie, ce que vient de dire ma chère Militza. Voici ma réponse : Je bâtirai une église à Ravanitza. Ses fondements seront en plomb, ses murailles revêtues d'argent, son toit sera couvert d'or, et à l'intérieur elle sera parsemée de perles et de diamants.

Tous les nobles applaudissent à cette magnifique résolution, excepté Milosch qui est assis au bas de la table[1], et ne joint pas sa voix à celle de ses compagnons.

Lazare lui demande la cause de son silence. Milosch se lève, ôte son bonnet de fourrures, et s'inclinant respectueusement devant son roi : « Gloire à toi, lui dit-il, pour le projet que tu as formé ! mais ce projet, tu ne pourras l'exécuter. Les derniers temps approchent, les derniers temps de la Serbie. Les Turcs s'empareront du pays, ils renverseront nos cloîtres, ils détruiront nos saintes institutions. Avec les fondements de ton église de Ravanitza, ils feront des balles pour ravager nos villes, avec l'argent de ses murailles ils feront des ornements pour

1. La place d'honneur chez les Serbes.

leurs chevaux, avec l'or de son toit ils feront des colliers pour leurs femmes, et les perles et les diamants de ton sanctuaire seront enchâssés dans des anneaux de courtisanes et dans des poignées de sabres. Donc, si tu veux m'en croire, mon noble maître, tu ordonneras qu'on taille des blocs de pierre et de marbre, tu construiras une église solide qui résistera à la dévastation des Turcs, qui durera jusqu'au jour du jugement dernier.

— Je te rends grâce, réplique Lazare, du conseil que tu viens de me donner, il est juste et vrai. Je le suivrai. »

Ainsi fut résolue la construction de l'église de Ravanitza qui subsiste encore dans la principauté actuelle de Serbie et qui est chaque année visitée par de nombreux pèlerins.

Les temps de malheur que pressentait Milosch approchent en effet, et les puissances célestes annoncent elles-mêmes à Lazare la dernière catastrophe.

« Un brillant faucon a pris son essor à Jérusalem dans les saints lieux. Il vole à travers les eaux et les terres, à travers les montagnes et les forêts. Sur ses ailes grises il porte une petite hirondelle.

« Ce n'est pas un brillant faucon, c'est saint Elie qui gouverne le tonnerre, et ce qu'il porte, ce n'est pas une petite hirondelle, c'est une lettre de la Mère de Dieu.

« Il vole sur les vastes plaines de Kruscheva, il descend de l'espace azuré, s'abat sur la demeure blanche de Lazare, et dépose sur les genoux du héros la lettre de la Vierge.

« Cette lettre dit : « Lazare, noble fils d'une noble race, veux-tu jouir de la grandeur terrestre ou préfères-tu gagner le royaume du ciel? Si tu choisis la grandeur terrestre, prends tes armes étincelantes, monte ton cheval de combat, va dans les contrées étrangères et tu acquerreras une gloire, un pouvoir sans pareils.

« Mais si tu préfères le royaume du ciel, élève une église dans la plaine de Kossovo, non point une église de marbre, mais de soie et de pourpre (une tente), pour que tes soldats entrent là pour recevoir la communion, pour qu'ils se préparent à la mort en demandant l'absolution de leurs péchés. Dans cette plaine succomberont tes compagnons et toi tu succomberas avec eux. »

Pour le héros que la tradition populaire couronne d'une religieuse auréole, la question doit être bientôt résolue.

Lazare renonce aux joies éphémères de la jouissance terrestre et se résigne à mourir pour avoir la gloire du ciel. Il élève sa tente dans les cruelles plaines de Kossovo. Il y appelle le patriarche du royaume avec douze évêques pour donner les sacrements divins à ceux qui vont périr sous le glaive des infidèles. Puis la bataille s'engage et le chant qui raconte cette journée ineffaçable dans les annales de la Serbie, commence par un noble accent de guerre et s'éteint en une pieuse pensée comme un hymne.

« En tête de l'armée marche Bogdan avec ses neufs fils alertes et hardis, pareils à neuf ardents faucons. Chacun d'eux conduit neuf mille guerriers, et leur père le vieux Jug en conduit vingt mille. Ces vigoureux escadrons écrasent les troupes de sept pachas, mais ils succombent à l'attaque du huitième. Le vieux Jug meurt avec ses neuf fils et tous leurs vaillants soldats.

« Vient ensuite le voivode Goiko et Wukaschin; chacun d'eux est suivi de trente mille hommes. Ils renversent huit pachas, mais il ne peuvent résister au neuvième, Wukaschin reçoit une mortelle blessure, et ses légions sont anéanties.

« Alors le duc Étienne s'élance à la tête de soixante mille guerriers. Et la bataille commence. Il écrase neuf pachas. Il meurt avec les siens sous le fer du dixième.

« Mais voici venir Lazare; voici le puissant roi des Serbes avec soixante-dix mille guerriers. Les Turcs sont épouvantés à son aspect. Les Turcs n'osent le regarder en face. Quelle ardeur dans ses yeux! Quelle force dans son bras! Sans la trahison de Brankovitch, que Dieu maudisse! il eût remporté la victoire. La scélératesse de l'infâme l'a perdu. Le Turc a vaincu le tzar. Le héros est tombé avec ses courageux soldats, avec tous les courageux enfants de la Serbie. Tous sont glorifiés et sanctifiés. Le bon Dieu les a reçus dans ses bras. »

Deux autres épisodes de cette bataille méritent d'être cités. Je ne crois pas outrager le chef-d'œuvre de la poésie antique en disant que

par leur noble simplicité, par les mœurs qui
s'y reflètent, et les fières et touchantes images
qui s'y dessinent, ces deux chants pourraient
être mis en parallèle avec plusieurs pages de
l'Iliade. C'est un Homère aussi qui les a pris
comme deux perles dans la primitive vertu
d'une nation. C'est un peuple tout entier qui
les garde comme un précieux héritage du
passé.

L'un a pour titre : La fin de la bataille ; l'autre : La fille de Kossovo. Si charmants qu'ils me paraissent, je ne puis cependant les citer en entier avec toutes leurs répétitions. J'essayerai seulement d'en faire ressortir les passages les plus caractéristiques.

La fin de la bataille.

« Le roi Lazare est assis à souper. Près de lui est son épouse Militza qui lui dit : « Lazare, couronne d'or de la Serbie, demain tu pars pour la bataille de Kossovo, avec tes serviteurs et tes voivodes. Tu ne laisses personne à ma cour, tu ne me laisses pas un homme que je puisse t'envoyer pour te remettre un message et me rapporter des nouvelles du combat. Tu emmènes mes neuf frères, les neuf fils de Jug. Permets qu'il en reste ici au moins un pour être en aide à sa sœur.

« —Chère femme, reprend le prince des Serbes, dis-moi lequel de tes frères désires-tu garder dans ta blanche demeure.

« — Laisse-moi Boschko.

« —Qu'il en soit ainsi que tu voudras. Demain, au premier rayon de l'aube, avant les lueurs du soleil, quand la forteresse s'ouvrira, va sur le seuil de la porte. Par là passera toute l'armée, par là les cavaliers avec leurs lances. A leur tête sera Boschko portant l'étendard de la croix. Salue-le de ma part, donne lui ma bénédiction, dis-lui qu'il peut confier sa bannière à un autre et rester avec toi. »

« Le lendemain matin, la citadelle s'ouvre, et Militza est sur le seuil de la porte. Les guerriers arrivent en rangs serrés tous à cheval, tous la lance à la main. Devant eux est Boschko sur son cheval revêtu d'une housse d'or. Sur ce cheval flotte l'étendard. Sur cet étendard est un globe en or surmonté d'une croix en or, et de cette croix deux banderoles tombent sur les épaules de Boschko.

« Militza s'avance, saisit la bride en vermeil du cheval, l'arrête, et de ses deux bras enlaçant le cou de son frère, elle lui dit à l'oreille : « Cher frère, le tzar, t'a donné à moi. Tu ne dois pas aller à Kossovo. Le tzar t'envoie sa bénédiction et te fait dire que tu confies à un autre ton étendard, et que tu restes près de ta sœur.

« — Je ne puis rester près de toi, répond Boschko, ni abandonner ma bannière, quand le tzar me donnerait tout son domaine. Veux-tu que les guerriers me montrent au doigt, et disent : Voyez le lâche Boschko qui ne veut pas aller à Kossovo, qui a peur de verser son sang pour la croix, de mourir pour sa sainte foi. »

« Et il s'élance hors de la citadelle.

« Militza adresse successivement la même prière à ses autres frères. Tous lui répondent de même. Tous s'éloignent. Militza s'évanouit dans sa douleur. En ce moment arrive Lazare, et, à l'aspect de sa pauvre femme, des larmes roulent de ses yeux et baignent son visage. Il regarde autour de lui, il appelle son serviteur Goluban. « Descends de cheval, lui dit-il, prends le bras de la reine, reconduis-la dans la haute tour, et reste près d'elle. »

« Goluban n'ose résister à l'ordre de son maître. Il descend de cheval. Il conduit Militza dans la haute tour. Puis l'ardeur du combat l'emporte comme les autres, et il se précipite à la suite de l'armée vers la plaine de Kossovo.

« Le lendemain au matin, deux noirs corbeaux s'abattent sur le toit de Lazare et annoncent à Militza le résultat de la bataille.

« Un instant après, elle voit venir son serviteur Milutin. Son corps est percé de dix-sept blessures. Son cheval nage dans le sang. « Que s'est-il passé Milutin, s'écrie la reine. Le tzar a-t-il été trahi?

« — Aide-moi, murmure Milutin, à descendre de cheval. Lave mon front avec de l'eau. Verse-moi du vin rouge. Mes blessures m'ont enlevé mes forces. »

« Et la reine l'aide à descendre de cheval, puis lorsqu'elle l'a ranimé par ses soins, elle lui dit : « Que s'est-il donc passé? Comment est tombé le vaillant roi? Qu'est-il arrivé à mon vieux père, à ses neuf fils mes frères, à Milosch le voivode, et à Brankovitch? »

« Et Milutin lui raconte, comment sont morts les glorieux défenseurs de la Serbie, dont le peuple célèbre à jamais l'honneur et le courage, et comment Vuk a commis une trahison, que le peuple poursuivra à jamais de sa malédiction. »

Là finit le récit. Le poëte ne dit point le désespoir de Militza, cette Niobé de la Serbie. Tous ceux qu'elle aimait étant morts, elle ne doit plus appartenir à la terre où elle n'a plus aucune espérance. Si elle vit encore quelques années dans l'histoire, elle meurt dans les chants du peuple.

Le second chant nous présente une autre femme allant elle-même chercher sur le champ de bataille celui qu'elle regrette.

« Le dimanche au matin, elle part, la jeune fille, elle va dans la plaine de Kossovo. Les manches de sa robe sont relevées jusqu'au coude. Sur les épaules elle porte du pain blanc. A ses mains elle porte deux vases d'or, l'un qui est rempli d'eau fraîche, l'autre de vin rouge.

« Elle erre à travers les champs du carnage,

elle s'approche de ceux qui sont tombés là, baignés dans leur sang ; lorsqu'elle en trouve un qui respire encore, elle le lave avec son eau fraîche, elle lui verse du vin dans la bouche, elle lui donne à manger du pain blanc.

« En errant ainsi, elle arrive près de Paul Orlovitch, le valeureux guerrier. Sa main était coupée, sa jambe gauche tranchée jusqu'au genou, un de ses flancs brisé. Elle le tire d'un flot de sang, elle le lave, elle le ravive, et Paul lui dit :

« Chère sœur, quelle profonde douleur t'amène sur ce champ de bataille ? Pourquoi trempes-tu tes mains dans le sang des héros. Cherches-tu ton frère, ou le fils de ton frère, ou cherches-tu celui qui t'a enfantée ?

« — Non, répond la jeune fille, je ne cherche point mon père, ni aucun de mes parents. Mais écoute : il y a trois semaines trente moines étaient réunis dans la magnifique église de Samodrecha. Les soldats de Lazare allaient recevoir la communion. Derrière eux venaient trois voivodes. Le premier était Milosch ; le second ; Iwan ; le troisième Milan Toplitza.

« Moi j'étais sur la porte quand Milosch entra. Superbe était ce héros, avec son sabre résonnant sur le pavé, son bonnet orné de plumes, et son riche manteau. En passant, il me regarde, et, détachant son manteau, il me dit : « Conserve ceci en souvenir de moi. Je vais à la bataille contre les Turcs. Prie le Seigneur pour moi. Si je reviens sain et sauf, je te donnerai pour époux Milan que j'ai choisi pour frère au nom du Dieu tout-puissant, au nom de saint Jean, et je te servirai de parrain le jour de ton mariage. »

« Puis vint Iwan qui me dit : « Prends cet anneau d'or en souvenir de moi. Si je reviens du combat, je te donnerai pour époux Milan, que j'ai pris pour frère au nom de Dieu et de saint Jean.

« Puis vint Milan, qui me dit : « Prends ce bracelet d'or, et prie le Seigneur pour moi. Si je reviens sain et sauf du combat, tu seras mon épouse adorée.

« Et ils sont partis, les trois voivodes, et voilà ceux que je cherche dans la plaine de Kossovo. »

Paul alors prend la parole et lui dit : « Regarde cet épais amas de lances. Là, le sang des héros a coulé, il a coulé de telle sorte qu'il s'élevait jusqu'aux étriers, jusqu'aux sangles des chevaux, jusqu'à la ceinture des guerriers. Là sont tombés ceux que tu es venu chercher. Retourne dans ta blanche demeure, ne trempe plus ta robe et ton bras dans le sang. »

« La jeune fille s'en retourne, le visage baigné de larmes. Elle rentre dans sa demeure et s'écrie en gémissant : « Ah! malheureuse que je suis, j'avais enlacé un vert sapin, et ses feuilles se sont en un instant desséchées entre mes mains. »

L'histoire de Lazare, qui commence par une solennelle révélation, se termine par une légende miraculeuse. Le peuple poétique des anciens temps n'abandonnait point ceux qu'il avait aimés et vénérés. Après avoir célébré les exploits de leur vie à leurs derniers moments, il les berçait par ses chants et les endormait au sein de Dieu.

La tête de Lazare, coupée par les Turcs, a été, dit la légende, jetée dans une source profonde. Elle reste là quarante ans. Un soir, des

Serbes virent cette source briller comme si la lune entière s'y reflétait. C'est la tête du héros qui projette au loin cette clarté. Ils la tirent hors de l'eau; ils la déposent respectueusement sur le sol. Aussitôt elle se meut et va rejoindre son corps.

La nouvelle de cette merveille se répand rapidement dans les régions slaves. Trois cents prêtres se réunissent autour des restes de Lazare ; trois cents prêtres, douze archevêques et quatre patriarches. Ils passent trois jours et trois nuits en jeûnes et en prières. Ils demandent au saint héros où l'on doit lui faire son tombeau, et le saint ne veut être transporté en aucun couvent étranger. Il veut reposer dans l'église de Ravanitza, dans l'église qu'il a édifiée aux jours de sa jeunesse, pour le salut de son âme, « avec ses trésors, sans qu'il en coûtât une larme ni un denier aux pauvres gens. »

Entre le cycle de Lazare et celui de Marco Kraliévitch, de prime abord on remarquera une grande différence, une différence qui s'explique tout naturellement par le disparate des deux époques que ces cycles représentent. L'un est, comme nous l'avons dit, la personnification d'un temps de royauté, de liberté nationale, de nobles fêtes et de glorieux combats; l'autre est celle d'un temps de servitude, d'agressions partielles et de décadence. Dans l'un est la vie d'un peuple humble et ferme qui reporte à Dieu le triomphe de ses armes, se prosterne pieusement devant lui dans ses jours de prospérité et l'invoque avec ferveur dans ses heures de péril; dans l'autre, l'agitation fébrile, les violences impuissantes de l'opprimé qui se révolte contre une odieuse domination, puis retombe en frémissant sous le joug qu'il n'a pu briser. Lazare a les habitudes élégantes d'un homme de grande maison, la dignité d'un roi, le caractère religieux et chevaleresque d'un Godefroi de Bouillon; Marco est sensuel et brutal, généreux parfois et compatissant, mais prompt à la colère, et, dans sa colère, emporté jusqu'à l'atrocité. Quand Lazare veut célébrer une fête, il s'asseoit à sa vaste table, sous les lambris dorés de son palais, près d'une femme vénérée, avec ses frères d'armes, qui s'entretiennent gravement des intérêts du pays, avec les vieillards qui cherchent un conseil dans les livres sacrés. Mais Marco entre à la taverne, et ce n'est pas une modeste collation qui lui suffit. Il lui faut, pour satisfaire à son appétit ordinaire, des moutons tout entiers et des tonnes de vin. De sa main de fer, il prend une outre qui ne contient pas moins de douze mesures de vin; il en boit d'un trait la moitié et donne le reste à son cheval. Lazare meurt en défendant les libertés de sa nation, au milieu de ses amis, sous la bannière du Christ, et le peuple le sanctifie. Marco, proscrit, errant, va d'aventure en aventure pendant trois cents ans, pour représenter par cette vie de trois siècles l'asservissement, les efforts de courage, les actes de vengeance et la résignation de la Serbie; puis il meurt à l'écart, dans la solitude des montagnes, et l'on ne sait où il est enseveli.

Les poëtes, en enlevant à ce type de leur ère infortunée la douce, chaste, idéale physionomie des héros d'un âge précédent, lui ont donné par compensation la puissance physique du colosse. Sur son front se balance la tête d'un ours, qui lui sert de coiffure; sur ses épaules se déroule, comme la dépouille du lion de Némée, la longue peau d'une bête fauve; à sa ceinture est suspendu un sabre comme ceux que fabriquait Vieland, le magique artiste scandinave, un sabre qui coupe en deux l'armure du forgeron et tranche les rochers; à l'arçon de sa selle est attachée une massue comme celle d'Hercule. Son cheval, son fidèle Scharatz, avec lequel il partage son enivrante boisson, est intrépide et infatigable comme l'illustre Bayard des quatre fils Aymon. Monté sur ce cheval aux jarrets de fer, Marco se précipite à l'assaut des forteresses, met en déroute des escadrons comme ces quatre fabuleux fils du prince des Ardennes, dont les traditions populaires ont, depuis le temps de Charlemagne, propagé les merveilleux exploits, dont le peuple des Ardennes a si bien gardé le souvenir, qu'il a donné leur nom à un chêne de ses forêts, à un chêne où, d'une tige gigantesque, s'élancent dans les airs quatre énormes rameaux.

Le farouche Vutscha s'est emparé des trois amis de Marco. Il les a traînés à sa suite dans sa forteresse de Peterwaradin, et les a jetés dans un cachot où ils ont de l'eau jusqu'aux genoux. L'un d'eux, dans cette douloureuse situation, trouve un moyen d'adresser un message à Marco. A défaut d'encre, il trempe sa plume dans son sang, et scelle sa lettre avec son sang.

Marco se revêt de sa peau de loup, sangle un cheval avec sept courroies, lui suspend au flanc, d'un côté, une grande outre pleine de vin, de l'autre sa massue, puis se met en marche. Il traverse le Danube à la nage, il s'avance dans les plaines de Peterwaradin, plante sa lance en terre, noue à cette lance la bride d'or de son fidèle Scharatz, puis s'asseoit sur le gazon et se met à boire.

Wutscha envoie pour le faire prisonnier trois cents cavaliers commandés par son fils Vélimir. Scharatz, à leur aspect, se rapproche de son maître, qui continue tranquillement à boire, et frappe du pied pour l'avertir du danger qui le menace. Marco s'élance contre les cavaliers, sabre les uns, assomme les autres avec sa massue, saisit Vélimir, le lie par les pieds, par les mains à l'arçon de sa selle, puis revient s'asseoir et reprend son outre.

A la vue de ce désastre, Vutscha sort lui-même de sa citadelle, non pas avec trois cents, mais avec trois mille hommes. Marco est encore nonchalamment couché par terre, savourant son bon vin. Au signal que lui donne son cheval, il se lève, se jette comme un lion sur cette armée, la massacre tout entière. Vutscha s'enfuit; Marco lui lance sa massue à la tête, le renverse par terre, le lie et le transporte, avec Vélimir, dans son château de Prilip.

De là, il écrit à la femme de Vutscha que si elle veut sauver la vie de son mari et de son fils, elle ait à lui remettre les trois nobles serbes détenus dans la forteresse de Peterwaradin, avec huit charges d'argent, cinq pour eux, trois pour lui. Et la femme de Vutscha acquitte cette rançon.

Marco est devenu amoureux de la sœur d'un chef de district, Leka, de la fière Rosanda, renommée au loin pour son orgueil et sa beauté. Il part avec trois de ses amis pour la demander en mariage. Leka accueille avec respect les trois vaillants guerriers; mais Rosanda les injurie. Marco se jette sur elle en fureur, et, quand Marco est en fureur, ce n'est plus un homme, c'est un tigre. D'un coup de poignard, il coupe la main droite de la jeune fille; d'un autre coup de poignard il lui arrache les yeux.

A la prière de sa mère, Marco se décide à une autre tentative de mariage, et celle qu'il a cette fois choisie accueille sa demande avec bonheur. Il épouse la fille du roi des Bulgares. Il a pour garçons d'honneur un de ses amis, Étienne Semlitsch, et le doge de Venise. Il va chercher en grande pompe sa fiancée dans le palais du roi; il la ramène avec une escorte de mille hommes dans son château de Prilip. Le long du chemin, le vent soulève le voile qui recouvre le visage de la jeune fille. Le doge la voit dans la splendeur de sa beauté et en devient amoureux. Le soir, à la première halte, il se glisse dans la tente d'Étienne et lui dit : « Confie-moi la fiancée qui est placée sous ta tutelle, je te donnerai une botte pleine de ducats d'or. » Étienne repousse avec une juste indignation cette proposition. Le lendemain, le surlendemain, le doge renouvelle sa demande, en augmentant de jour en jour la somme qu'il a d'abord offerte. Enfin, Étienne ne peut résister à l'appât de trois bottes pleines de ducats d'or; il abandonne la jeune fille confiée à son honneur. Le doge l'emmène dans sa tente, et commence à lui parler de sa passion. Mais elle lui dit : « Je ne puis t'écouter tant que tu m'effrayeras avec cette longue barbe. » Le doge se fait aussitôt couper la barbe. La jeune fille la prend, l'enveloppe dans un mouchoir de soie, puis s'échappe et court se réfugier près de celui qui doit être son époux. Elle se penche sur sa couche et l'arrose de ses larmes. Marco, qui était endormi, se réveille, et, la voyant près de lui, s'écrie avec colère : « Malheureuse fille des Bulgares! comment oses-tu venir ici? Ne peux-tu attendre que notre union ait été dans ma demeure consacrée par une sainte cérémonie?

Sa fiancée lui montre la barbe du doge, et lui raconte à quel péril elle a été exposée.

Le lendemain, Marco tranche d'un coup de sabre la tête du doge, et fend en deux, comme un morceau de bois, le vénal Étienne.

Marco, qui a courbé le front sous la loi du croissant, et qui combat dans les rangs des

Turcs, comme le pays qu'il représente dans plusieurs de ses péripéties, le pauvre pays vaincu auquel Bajazet enleva d'une seule fois cinq mille hommes qu'il incorpora dans son armée, Marco n'est pas toujours un serviteur obéissant et facile. Souvent, il brave orgueilleusement la volonté de ses maîtres, et quand ses maîtres peuvent s'emparer de lui, ils le châtient. Pour un de ces méfaits de sujet rebelle, il était, depuis trois ans, plongé au fond d'un cachot, quand un indomptable Albanais répand par son audace la terreur jusque dans les murs de Constantinople. Un vizir part à la tête de trois mille hommes pour le mettre à la raison. Le vizir est pris et les trois mille hommes sont égorgés.

A la nouvelle de ce massacre, le sultan s'écrie : « Ah! si j'avais encore Marco, c'est lui qui me viendrait sûrement en aide; c'est lui seul qui pourrait me délivrer de cet effroyable Mussa; mais voilà trois ans que je l'ai fait jeter dans un cachot, trois ans qu'il n'a pas vu la lumière du jour, il est mort sans doute. »

Marco ne meurt pas ainsi. On l'arrache de sa prison souterraine. On le conduit devant le sultan. Ses cheveux traînent jusqu'à sa terre, et ses ongles sont longs comme les dents d'une herse.

Le sultan lui demande s'il peut aller combattre Mussa, et Marco lui répond : « Il faut d'abord que je reprenne des forces. Il faut qu'on me mène dans une auberge, qu'on me donne du vin et de l'eau-de-vie, le meilleur pain et la meilleure chair de mouton, après quoi je verrai ce que je puis faire. »

Il reste trois mois dans l'auberge, buvant et mangeant, puis il ordonne qu'on lui apporte, pour essayer la vigueur de ses muscles, une pièce de bois dur, séchée depuis neuf ans. Il la prend entre ses mains ; il la broye et la rejette en disant qu'il n'a pas encore recouvré ses forces. Un mois après, il se fait apporter une autre pièce du même bois ; il la presse entre ses poignets d'acier, et en fait jaillir deux gouttes d'eau.

« C'est bien, dit-il, je pars. »

Et il s'en va attaquer l'invincible Mussa. Le combat dure depuis l'aube du jour jusqu'à midi ; lances et sabres, tout est brisé ; les deux terribles athlètes se prennent corps à corps, et

Mussa, se sentant vaciller, appelle à son secours la Vila. « Malheureux ! s'écrie la nymphe des bois, ne t'ai-je pas dit que tu ne devais jamais te battre le dimanche. »

Cependant la voix de l'invisible Vila a troublé Mussa. A l'instant Marco se relève sous le bras de son adversaire distrait, et lui plonge son poignard dans la poitrine. Puis il examine la structure de cet homme qu'il n'a vaincu que par surprise, et il découvre que Mussa portait, sous une triple côte, trois cœurs d'homme, et, dans l'un de ces cœurs, était une vipère endormie, qui dit à Marco, en déroulant ses longs anneaux : « Tu es heureux que je ne me sois pas réveillée pendant le combat, car je t'aurais fait souffrir trois mortelles tortures. »

Marco coupe la tête de Mussa et la porte au sultan, qui lui donne pour récompense d'un tel service trois mulets chargés d'or.

L'orgueil des peuples, subjugué, refoulé jusque dans ses derniers retranchements, garde toujours quelques racines par lesquelles il essaye de se relever. Les Serbes qui, du temps de Lazare, auraient flétri le moindre pacte avec les Turcs comme une honteuse apostasie, ont trouvé, après leur défaite, une satisfaction à leur orgueil en se créant un héros dont les Turcs redoutaient la force, et dont le sultan sollicitait l'appui en ses plus graves périls.

Est-il besoin d'ajouter qu'en associant leur Marco aux escadrons janissaires, ils ne lui ravissaient point son titre de chrétien. Non, ils n'auraient pu, dans la persistance de leur foi, chanter les exploits d'un renégat, et Marco n'est pas un renégat. C'est un Serbe qui, dans les rangs des fils de Mahomet, garde le culte de ses aïeux, et, dans le tourbillon de sa vie tumultueuse, les qualités distinctives de sa nation. C'est un Serbe qui, après ses aventureuses expéditions, revient avec bonheur sous son toit natal et courbe humblement son impétuosité sous le regard de sa vieille mère. C'est un Serbe qui prend avec ardeur les armes pour secourir l'infortune ou défendre ses amis, qui s'incline avec piété devant les popes, célèbre avec piété la grande fête de Saint-Georges et les autres fêtes de la religion grecque. C'est un Serbe qui, en prêtant le secours de son bras aux Turcs, ne souffre d'eux aucune arrogance, tue le visir qui a cru pouvoir impunément commettre envers lui un acte d'injustice, et fait peur au sultan même. Il a conservé, pendant sa longue vie de trois siècles, son amour, sa croyance de Serbe, et il meurt avec ces mêmes sentiments. Mais la mort ne lui est point annoncée comme à Lazare par le messager de la Vierge. C'est la Vila des montagnes sombres, la déité des sauvages retraites qui l'en prévient.

Un jour, dans un de ses voyages, tout à coup son vigoureux Scharatz trébuche, et des larmes coulent de ses larges paupières. « Qu'as-tu donc, mon ami, mon fidèle Scharatz? dit Marco surpris. Il y a longtemps que nous vivons ensemble comme deux bons compagnons; jamais je ne t'ai vu trébucher, jamais je ne t'ai vu pleurer. Ce qui t'arrive aujourd'hui est un funeste présage. »

Alors la voix de la Vila se fait entendre et lui dit : « Tu ne sais pas pourquoi ton cheval a vacillé, c'est qu'il est affligé, c'est que vous devez vous quitter bientôt. — Nous quitter, répond Marco, y songes-tu? comment pourrais-je quitter mon Scharatz qui m'a porté à travers tant de villes et de régions? Il n'y a pas un meilleur cheval sur la terre comme il n'y a pas un plus brave héros que moi. Aussi longtemps que ma tête sera sur mes épaules, rien ne me séparera de Scharatz.

— Écoute, reprend la Vila. Ce n'est pas la force humaine qui te séparera de Scharatz. Nul sabre, nulle lance, nulle massue ne peut te tuer. Tu ne redoutes aucun guerrier en ce monde. Mais tu dois mourir, pauvre Marco, par la main de Dieu. Si tu ne veux pas me croire, va-t'en regarder dans la source qui est près d'ici, entre deux sapins, et tu verras quand doit sonner ta dernière heure. »

Marco qui doute encore, suit le conseil de la Vila, s'approche de la source, y mire son visage pâle, et des larmes tombent de ses yeux.

« Monde décevant, dit-il, pareil à une belle fleur, heureux fut pour moi le voyage de la vie, heureux mais si court, seulement trois cents ans, et le voilà fini ! »

Il tire alors son épée et tranche la tête à son cher Scharatz pour que les Turcs ne puissent s'en servir, pour que les Turcs n'emploient pas son noble coursier à d'indignes travaux. Il brise ensuite son épée et sa lance pour qu'elles ne tombent pas entre les mains des Turcs. Il jette du haut d'une montagne sa massue dans les flots de la mer. Puis, il prend un encrier attaché à sa ceinture et il écrit son testament, qu'il suspend à une branche de sapin. Il a sur lui trois bourses pleines de ducats d'or. Il lègue la première à celui qui prendra soin de l'ensevelir, la seconde à l'Église, la troisième aux aveugles et aux mendiants qui iront, de par le monde, raconter ses combats. Cette dernière œuvre accomplie, il fait le signe de la croix, s'étend sur le roc, et s'endort du dernier sommeil.

Du spiritualiste héroïsme de Lazare, nous sommes descendus aux peintures matérielles des combats athlétiques de Marco. De là, nous devons encore descendre aux heyduques.

Les heyduques, dont un grand nombre de poésies serbes racontent avec emphase les actes de courage, sont tout simplement des hommes que la loi de chaque pays condamne, que toute société, régulièrement organisée, frappe de sa réprobation, si elle ne peut les atteindre par son châtiment. En un mot, ce sont des bandits. Mais ces bandits ont été opprimés, tourmentés, dépouillés par les Turcs. Dans leur désespoir, ils ont abandonné les champs où ils ne pouvaient plus faire en paix leur récolte, la maison qui ne leur offrait plus un asile assuré, et, les armes à la main, ils ont été chercher un refuge dans les bois. Le peuple serbe, qui comme eux maudit le maître cruel dont il subit la domination, s'intéresse à leur infortune et applaudit à leur vengeance. Ce sont des Robin Hood et mieux encore des Klephtes.

Le chant suivant nous donne une image complète de l'*Outlaw* des forêts serbes, de la farouche résolution et de la vie des heyduques.

« Le vieux Novak boit le vin rouge dans la demeure du Knes Bogosav. Pendant qu'il est assis à table : raconte-moi donc, dit Bogosav, quelle raison t'a déterminé à te faire heyduque, quel destin fatal t'a forcé à t'en aller dans les bois et t'oblige à continuer à ton âge un métier où tu exposes journellement ta vie.

— Mon frère d'adoption, brave Knes, répond le vieux Novak, je te dirai la vérité. C'est un malheur qui m'a amené là. Tu te rappelles encore le temps où Jerina bâtit la forteresse de Semendrie. Elle m'employa comme manœuvre à cette construction, et je travaillai fidèlement pendant trois années. Je transportai avec ma voiture, avec mes bœufs, les pierres et le bois, et pour un tel labeur je ne reçus pas, en trois ans, une seule para, une seule paire de souliers. Soit. Je me résignais encore. Mais voilà que Jerina se mit à édifier les tours, à dorer les portes et les fenêtres de sa demeure. Elle imposa un nouveau tribut au pays. Elle demanda trois cents ducats par chaque maison. Ceux qui possédaient ces ducats les apportaient au château, et on les laissait en paix. Mais moi, qui ne pouvais les payer, qui n'étais qu'un pauvre ouvrier, je pris ma hache et quittai les terres maudites de Jerina, résolu de me faire heyduque. Je m'en allai d'abord sur les bords de la Dvina, puis en Bosnie et en Romanie. Là, je rencontre des Turcs qui allaient célébrer un mariage et conduisaient avec eux une jolie jeune fille. Ils passèrent devant moi sans me rien dire. Mais le fiancé, monté sur un cheval brun, s'élança de mon côté, et prenant son fouet, un fouet à trois lanières chargé de balles de plomb, fit mine de m'en frapper. « Trois fois je le priai, « au nom de Dieu, de m'épargner. Que la paix, « lui dis-je, soit avec toi et le bonheur dans ton « mariage. Poursuis tranquillement ton chemin. « Je suis un pauvre homme, et je ne t'ai pas of- « fensé. »

« Le Turc pourtant me frappa. Alors, dans ma colère, je lui portai un coup de hache qui le jeta à bas de son cheval. Je me précipitai sur lui et l'égorgeai. Il avait à sa ceinture trois bourses d'or dont je m'emparai. Je pris aussi son cheval, son sabre et lui laissai ma hache dans la tête. Ses compagnons me regardaient de loin. Pas un n'osa me poursuivre et je m'en allai en Romanie. Il y a maintenant quarante ans que je fis cette rencontre. Je suis à présent habitué à la vie des bois. Ma retraite dans les bois m'est plus chère que ma demeure natale. Je vais me poster au bord des chemins, épier le passage des voyageurs; je prends leur or, leur argent, leurs étoffes de soie et de velours qui servent à m'habiller, moi et mes compagnons. Prompt à l'attaque, habile en mes manœuvres, je vais sans effroi dans les lieux les plus dangereux. Je ne crains aucun homme, je ne crains que Dieu. »

Les rives du golfe de Cattaro et celles du Danube, les montagnes de la Bosnie, de l'Herzegovine, de la principauté actuelle de Serbie, chaque district, enfin, a eu ses heyduques, et chaque district les a chantés comme autant de petits Marco. Pour pouvoir les louer sans scrupule de conscience, on laisse de côté leurs vols et leurs pillages. On ne les montre que dans leur état d'hostilité permanente contre les Turcs, attaquant des escadrons entiers de janissaires, enlevant les convois de l'aga, et faisant trembler jusque dans sa citadelle le féroce pacha. Comme Marco, ils remportent dans toutes leurs luttes la victoire. Comme Marco, ils restent fidèles à leurs amis, ils ont pitié des malheureux, ils défendent l'opprimé. Comme Marco, ils se souviennent aussi, en toute circonstance, qu'ils ont reçu l'eau du baptême. Le peuple les appelle ses frères, les saints mêmes s'intéressent à leur cause et font pour eux des miracles.

D'âge en âge, les chants serbes se sont conservés par la tradition orale, par les aveugles et les mendiants ambulants, qui portent avec leur besace l'instrument de musique national, la guzla et qu'on appelle pour cette raison les guzlares.

Aux jours de fête et de marché, le mendiant s'en va dans les villages avec sa mandoline comme le Breton avec son bignou. Il se place près d'un pont ou d'une église, et par quelques accords, attire bientôt autour de lui des auditeurs avides de l'entendre. Sa mémoire est remplie des hauts faits de Lazare, des exploits de Marco, qui en mourant s'est souvenu de ces propagateurs de sa gloire. Il récite d'une voix lente et sonore la plus grande partie de son poëme ; mais il en chante les passages les plus saillants, et de temps à autre marque une pause par ses modulations. Chacun l'écoute avec un profond intérêt; la corde de la guzla vibre dans tous les cœurs avec les stances héroïques qu'elle accompagne, et il n'est pas un Slave, vieux ou jeune, riche ou pauvre, qui ne se fasse un devoir de récompenser par une généreuse offrande cet archiviste de leurs annales, ce narrateur des jours de gloire de leurs aïeux.

Longtemps ces poésies serbes sont restées concentrées dans les pays auxquels elles appartiennent et ignorées des autres États de l'Europe. M. Vuk Stefanovitch est le premier qui se soit appliqué à les rassembler, et il a rempli cette tâche avec une intelligence et un zèle dignes des plus grands éloges. L'histoire de la composition de son recueil est une histoire curieuse à joindre à celle que ces poésies retracent.

Un jour, M. Stefanovitch découvre un pauvre vieux colporteur qui savait une quantité de chants serbes. Il le prend dans sa demeure, il le fait asseoir à sa table, et peu à peu pénètre dans tous les replis de sa mémoire. Une autre fois on lui signale un homme qui racontait, d'une façon remarquable, un long poëme. Il communique ce renseignement au prince Milosch, et Milosch qui savait à peine, dit M. Mickievic̆, signer son nom, mais qui était passionné pour les traditions populaires, ordonne qu'on lui découvre et qu'on lui amène cet homme. Par malheur, l'illustre rhapsode était un vieux voleur fort affaibli par l'âge et par les coups de sabre qu'il avait reçus dans son métier de brigand. Il fut tellement stupéfait de se voir appelé à la cour du prince pour y narrer une légende que d'abord il résista à toutes les instances qui lui furent faites. Pour vaincre ses obstinations, il fallut l'enivrer.

Un autre chanteur, qui fut fort utile à M. Stefanovitch, était enfermé en prison sous le poids d'une accusation criminelle. Il avait tué une femme qui, disait-il, était une affreuse magicienne et qui lui avait ensorcelé son enfant.

C'est de ces sources impures que M. Stefanovitch a tiré, comme une eau limpide d'un bourbier, ces poésies qui, dès leur apparition, ont excité une si vive surprise dans les régions civilisées de l'Europe.

En Allemagne, elles ont été traduites par Mme Talwig, par MM. Gerhard et Frank. Deux poëtes, M. Vogl et M. Kapper, en faisant récemment une nouvelle traduction des chants de Marco Kralievitch et de Lazare, ont essayé de relier l'un et l'autre ces chants épars, dont plusieurs, sans doute, sont encore ignorés ou perdus, et qui, selon l'opinion de Grimm, le savant philologue, doivent former un ensemble complet. Mais si habiles qu'elles soient, les diverses soudures que ces deux poëtes ont dû faire dans les *disjecta membra* de leurs épopées, ne peuvent remplacer les naïves inspirations populaires qu'ils se sont efforcés d'imiter.

En Italie, les chants serbes ont été très-judicieusement analysés et en partie traduits par M. Tomaseo;

En Angleterre, par M. Bowring.

En France, le recueil de Mme Talwig a été traduit par Mme Élisa Voïart, et M. Miçkieviç dans ses leçons au collége de France, et M. Cyprien Robert dans son livre sur les Slaves de Turquie, ont fait un intéressant tableau de cette poésie originale.

Mais il reste encore beaucoup d'œuvres curieuses à recueillir, et il s'en fait chaque jour de nouvelles. Il s'en fait en Serbie, en Albanie, dans le Montenegro, à chaque fête de famille et à chaque combat. Toute cette race slave peut s'écrier comme Uhland dans l'expansion de sa nature poétique : « Mon Dieu, je te remercie. Tu m'as donné des chants pour toutes mes joies, des chants pour toutes mes douleurs. »

A ces longs hymnes de deuil succèdent à présent d'autres hymnes animés par une pensée d'espoir. Les rajas des anciennes provinces de Serbie, les Slaves du Danube, les Monténégrins que le glaive des Ottomans n'a pu vaincre, ont vu s'affaisser la force de cet empire sous lequel les uns n'ont ployé la tête qu'en gémissant, contre lequel les autres n'ont cessé de lutter, et ils tressaillent au souvenir de leur passé, et ils rêvent une nouvelle existence.

Un jour viendra, et ce jour peut-être n'est pas loin, où le despotisme musulman, déjà réduit dans plusieurs districts de la vieille Serbie à une fictive apparence de suprématie, disparaîtra de ces lieux comme la dernière goutte d'eau d'un torrent desséché disparaît dans l'espace qu'elle avait envahi. Ce que deviendra alors la Serbie, qui pourrait le dire? Si elle arrive à se constituer en État indépendant, ou si elle sera englobée dans la circonférence d'un autre empire, quelle main pourrait aujourd'hui saisir sous le voile de l'avenir la solution de cette question ?

C'est un fait curieux que les Serbes ont dans leurs poésies populaires, une légende qui promet au tzar de Russie l'héritage des empereurs de Byzance, et le sceptre superbe et les reliques sacrées de leur ancienne royauté. Cette légende est digne d'être traduite, non point comme un document officiel à présenter aux diplomates, mais comme un témoignage de la religieuse aspiration d'une communauté grecque sous le joug qui l'opprime, ou, si l'on veut, tout simplement comme un fragment d'un de ces cycles que j'ai essayés de décrire.

« Des lettres amicales voyagent à travers les campagnes et à travers les villes, jusqu'à ce qu'elles arrivent au divan, au divan du sultan Mujesith. Ces lettres viennent de la lointaine cité de Moscou, et avec elles les messagers apportent de magnifiques présents. Pour le sultan, une table d'or. Sur cette table une dschlama (une mosquée) en or. Sur cette dschiama est un serpent en or; à ce serpent une pierre précieuse qui jette un tel éclat, qu'elle éclaire le chemin dans la nuit comme la lumière du soleil. Pour le fils du sultan, pour le jeune Ibrahim, sont deux sabres brillants, avec deux ceintures en or et deux diamants à chaque ceinture; pour la sultane, un berceau en or massif; dans le berceau, un noble faucon.

« Lorsque le sultan a reçu ces présents, il en a l'esprit troublé, car il ne sait que donner en échange. Il y pense sans cesse, et ne peut rien imaginer dans sa perplexité. A tous ceux qui se rendent au divan, il fait voir la splendide offrande du grand tzar de Moscovie, à chacun il demande ce qu'il pourrait envoyer à Moscou.

« Il montre ces présents au pacha Sokolovitch, il les montre ensuite à un religieux et à un pèlerin de la Mecque, qui s'inclinent devant lui jusqu'à terre et lui baisent les mains et les genoux. « Mes serviteurs, leur dit-il, ne m'indi-
« querez-vous pas ce que je pourrais choisir
« dans mon empire de sultan pour envoyer à
« Moscou? »

« Ceux-ci lui répondent : « Puissant maître,
« sublime souverain, nous ne sommes point assez
« habiles pour te donner le conseil que tu nous
« demandes. Fais venir le patriarche grec, c'est
« lui, c'est le vieux Giaour, qui saura ce qu'il
« conviendrait d'envoyer à Moscou. »

« Le patriarche, appelé à comparaître devant
le sultan, lui dit : « Magnanime empereur, soleil
« éblouissant, je ne suis point si sage que toi à
« qui Dieu même a donné sa sagesse. Cependant,
« je sais qu'il est dans ton empire plusieurs choses
« inutiles, sans valeur pour toi, et qui seraient
« agréables au tzar de Moscou. C'est la crosse de
« Sawa[1], la couronne de l'empereur Constantin, la
« chasuble de saint Jean, l'étendard de Lazare[2]. »

« Le sultan fait aussitôt remettre ces objets
aux messagers de Moscou. Mais lorsque les messagers sont prêts à partir, le patriarche les tire
à l'écart et leur dit : « Évitez les grandes routes,
« allez-vous-en par les forêts et les montagnes,

1. Sébat, de la royale dynastie des Nemanja. Il fut le premier patriarche serbe, et fonda sur le mont Athos le couvent de Chilindarre.
2. Le héros serbe.

« car vous serez poursuivis par des troupes nom-
« breuses qui voudront vous ravir vos trésors. Le
« conseil que j'ai donné me coûtera la vie, mais
« ne vous inquiétez pas de moi, mon corps doit
« périr, et je remets mon âme entre les mains de
« Dieu. »

Le sultan raconte avec joie au pacha Sokolovitch, la résolution qu'il a prise, et le pacha s'écrie : « Qu'as-tu fait, soleil de lumière, tu as envoyé à Moscou les reliques des chrétiens, pourquoi pas aussi les clefs de Stamboul ? Un jour tu enverras aussi ces clefs honteusement. Déjà, tu as livré le trésor de ton empire. »

A ces mots le sultan ordonne qu'une troupe de janissaires se lance à la poursuite des Moscovites, les égorge et lui rapporte tout ce qu'il leur a remis. Mais les messagers russes, suivant l'avis du prélat grec, s'étaient écartés des grands chemins. Les janissaires revinrent sans avoir pu les découvrir, et le patriarche paya de sa vie, comme il l'avait prévu, sa religieuse inspiration.

FIN.

TABLE

DU SECOND VOLUME.

I.

SPALATO. — CURZOLA.

Origine de Dioclétien. — Son horoscope. — Son caractère. — Dioclétien et Maximien. — Abdication. — Spalato. — Temple de Jupiter. — Temple d'Esculape. — Grandeur du palais. — Envahissement de Spalato. — Ancienne et nouvelle ville. — Couvent de franciscains. — Ile de Lisina. — Anciennes traditions. — Souvenir des Français. — Bataille de 1807. — Curzola. — Habileté de construction. — Les femmes de Curzola.......................... Pages 3

II.

RAGUSE.

Caractère de son histoire. — L'antique Epidaure. — Hospitalité des Ragusains. — Richard Cœur de Lion. — Généreux combats. — Sentiments religieux. — Saint Blaise, patron de la ville. — Illustration scientifique. — Alliance de la république avec la Turquie — Les Régulus. — Marino Caboga. — Lutte contre Venise. — Damiani Judas. — Un gouverneur de Venise. — Affranchissement. — Organisation de la république. — Les castes nobiliaires. — Michel Prazatto. — Forces du gouvernement. — Jugement des tribunaux. — Prospérité commerciale. — Tremblement de terre. — Entrée des Français à Raguse. — Suppression de la république... 35

III.

LES BOUCHES DE CATTARO.

Aspect général de la côte dalmate. — La baie de Cattaro. — Magnifique paysage. — Castelnuovo. — Stolivo. — Les îles et les chapelles. — Caractère des Bocchesi. — Amour des armes. — Dangereux voisinage. — La maison d'un Bocchese. — Asservissement de la femme. — Cattaro. — Son histoire. — Janko le heiduque. — Stanjo Jankovitch. — Souvenir de Paris. — Les bazars. — Un mariage grec. — Chants populaires de Risano. — Les Krivossi. — Trahison des Turcs. — Vengeance des Krivossi. — Les Monténégrins à Cattaro. — Vêtements des femmes................ 87

IV.

NIEGOUSS. — CÉTINIÉ.

Les torrents de pluie de Cattaro. — Ascension de la montagne. — Orages et précipices. — Via dolorosa. — Les bastions du Montenegro. — Village de Niegouss. — Intérieur d'une habitation. — La poudrière dans l'Hosteria. — Les chemins du pays. — Sac de pierres du bon Dieu. — Cétinié. — Famille de Janko. — Palais du Vladika. — Le souper à la table du prince. — Le soir à la cuisine. — Entretien guerrier. — Appartement du Vladika. — Église et tombeaux. — La tour sanglante. — La plus petite capitale du monde. — Position de Cétinié. — Mon compagnon Marco. — Une autre hosteria. — La pauvre veuve. — Déjeuner primitif... 145

V.

HISTOIRE DU MONTENEGRO.

L'histoire par les chants populaires. — Premières notions. — Règne d'Ivan le Noir. — Fondation du cloître de Cétinié. Mariage de Maxime avec la fille du doge. — Poëme traditionnel. — Glorification d'Ivan. — Régime théocratique. — Combats contre les Turcs. — Vêpres siciliennes. — Alliance avec la Russie. — Lettre de Pierre le Grand. — Défaite d'Achmet-pacha. — Invasion de Kinperli. — Défaite du pacha de Bosnie. — Le faux Pierre III. — Nouveaux combats. — Petrovitch Ier. — Bataille contre les Turcs. — Bataille contre les Français. — Vengeance des Monténégrins. — Attaque de Cattaro. — Testament de Pierre Ier. — La trêve de Dieu — Proclamation de Pierre II. — Caractère, instruction du Vladika. — Ses tentatives de réforme. — Ses institutions. — Qualités d'esprit et de cœur. — Daniel lui succède... 201

VI.

STATISTIQUE. — ADMINISTRATION.

Topographie du Montenegro. — Produits du sol. — Ses différents districts. — Ses Plémenas. — Gouvernement de la maison. — Ancienne forme d'administration du pays. — Organisation de Pierre II. — Le sénat. — Maison des sénateurs. — Jugement des causes capitales. — Procédé nécessaire d'exécution. — Impôt. — Revenu du prince .. 271

VII.

MŒURS ET COUTUMES.

Une maison du Montenegro. — Construction primitive. — Pouvoir du père de famille. — État social des femmes. — Culture du sol. — Exportations et importations. — Résignation et vertus des Monténégrins. — Ignorance générale. — Le pope. — La vendetta. — Tarif et cérémonies de la réconciliation. — Traits de courage et de caractère du Monténégrin en campagne,...................... 289

VIII.

LES CHANTS SERBES.

Souvenir de Belgrade. — Origine des Serbes. — Premiers combats. — La dynastie des Nemenja. — Duschan le Fort. — Chants de la royauté serbe. — Union des diverses peuplades qui en ont fait partie. — Caractère des chants serbes. — Les Vila. — Image de la femme dans les chants serbes. — Douceur et énergie. — Marie et le duc Étienne. — Puissance des sentiments de famille. — Expression extraordinaire de l'amour fraternel. — Rapports de l'homme avec les êtres animés et inanimés. — Légendes religieuses. — Chants épiques. — Digression historique. — Lazare le héros serbe. — Mariage de Lazare. — La belle Militza. — Un message de la Vierge. — Bataille de Kossovo. — La fin de la bataille. — La fille de Kossovo. — La dernière légende de Lazare. — Cycle de Marco. — Son caractère. — Marco le Colosse et son cheval Scharatz. — Combat contre Wutschav. — Tentative de mariage. — Marco en prison. —

Combat contre Mussa. — Mort de Marco. — Cycle des Heyduques. — Sympathie du peuple pour ces aventuriers. — Comment on devient heyduque. — Propagation des chants serbes. — Les Guzlares. — Premier recueil de Vuk Stefanovitch. — Traductions en différentes langues. — Mouvement poétique de toute l'ancienne royauté de Serbie. — La légende du patriarche de Constantinople. 327

FIN DE LA TABLE.

Imprimerie de Ch. Lahure (ancienne maison Crapelet)
rue de Vaugirard, 9, près de l'Odéon.

www.ingramcontent.com/pod-product-compliance
Lightning Source LLC
Chambersburg PA
CBHW071942220426
43662CB00009B/954